RECUEIL

DE PLANCHES,

SUR

LES SCIENCES,

LES ARTS LIBÉRAUX,

ET

LES ARTS MÉCHANIQUES,

AVEC LEUR EXPLICATION.

AGRICULTURE

A PARIS,

AVEC APPROBATION ET PRIVILEGE DU ROY.

RECUEIL
DE PLANCHES

SUR

LES SCIENCES,
LES ARTS LIBÉRAUX,
ET LES ARTS MÉCHANIQUES,
AVEC LEUR EXPLICATION.

✳✳✳✳✳✳✳✳✳✳✳✳✳✳✳✳✳✳✳✳✳✳✳✳✳✳✳✳✳✳✳✳✳✳✳✳

AGRICULTURE ET ECONOMIE RUSTIQUE,

CONTENANT

LABOURAGE.

PLANCHE Iere.

Figure 1ere. LABOUREUR qui ouvre un sillon.

Fig. 2. Charrue ordinaire.

3. Charrue de M. Tull.

4. Semeuse qui conduit le semoir de l'abbé Soumille dans le sillon où la semence est aussi-tôt recouverte par la terre, que le versoir ou oreille de la charrue (*fig.* 1.) y jette en formant le sillon suivant indiqué par la ligne ponctuée.

5. Semeur qui répand la semence à la main, sur une piece de terre préparée par différens labours.

6. Charretier qui conduit la herse pour couvrir la semence.

7. Charretier qui conduit le rouleau ou brisemotte, pour rabattre & égaler la terre.

PLANCHE II.

La charrue à versoir.

Fig. 1. La charrue entiere vûe en perspective. A, B, les rouelles. 9, V, le têtard. a, a, les jumelles. 5, 8, l'épart ou balance. 5, 1 : 7, 2, traits du cheval sous la main gauche, 6, 3 : 8, 4, traits de l'autre cheval.

V, P, N, le collier ou chignon. O, les rondelles ou entrempoirs. C D, la haye. c D, le sep. L, G, étançon. L H, L K, mancherons. E F, versoir ou écu, ou oreillon. T, selette. R, S, chevalet ou hausse. c d b, soc. d e, e f, aiguille. M, Q c, coutre. g, clef.

2. L'avant & l'arriere-trains séparés & représentés à vûe d'oiseau. 5, 8, l'épart ou balance. 9, V, le têtard. V N, le collier ou chignon. a a, les jumelles. 6, 7, chevilles où l'on attache les traits du dedans. 10, autre cheville où l'on attache le trait du palonnier d'un troisieme cheval, quand on s'en sert. T, selette. R S, chevalet ou hausse. a S, a R, épées. L'essieu A B des rouelles fait avec le têtard un angle d'environ 85 ou 86 degrés, du côté du versoir, afin que la pointe du soc reste engagée dans la terre à main gauche, & que l'arriere train ne retombe pas dans le sillon précedemment tracé.

L'arriere-train. C L, la haye. b c d, le soc. c b D, le sep. L G, étançon. L H, L K, les mancherons.

Fig. 3. L'arriere train en perspective, vû du côté du versoir. M Q c, le coutre. D d c, le sep recouvert du soc. d c, tranchant du soc. e f, l'aiguille. E F, versoir ou oreillon. G, étançon, K H, mancherons.

Fig. 4. Le profil de la charrue en entier, la roue antérieure A fupprimée. Les mêmes lettres défignent
les mêmes parties qu'aux figures précédentes.

5. Le foc & l'aiguille féparés.

PLANCHE III.

La charrue à tourne-oreille.

Fig. 1. La charrue entiere vûe en perfpective.

A B,	les rouelles ou roues,	*fig.* 1. 3.
9, V,	le têtard,	3. 5.
a, *a*,	jumelles ou mammelles,	1. 3. 5.
5, 8,	traverfier,	1. 3.
u P N,	le collier,	4. 5.
O,	rondelles ou dehourdoirs,	1. 5.
C D,	la haie,	1. 5.
c, *d*,	le fcep,	1. 5.
L G,	étançon,	1. 3. 5.
L H, L K,	mancherons,	1. 3. 5. 6.
E F,	oreille,	2. 3.
T,	felette,	1. 5.
R, S,	joucquoi, ou joucquoir,	1. 5.
Z Æ,	l'embranloir,	1.
Z Œ,	la hardiere, ou hardiau,	1.
Æ Œ,	la commande,	1.
X Y,	le foc,	1. 3. 5. 6.
12,	la lumiere,	3.
6, 7,	les briolets,	1. 3.
G,	mortoife en gueule de loup, sur le haut de l'étançon,	3. 6.
10, 11,	le petit têtard,	1. 3. 5.
13,	le prêtre,	1. 3. 5.
14, 15,	le pleyon,	1. 5.
T R, T S,	eſſais ou épées,	1. 5.

2. *e f*, la face intérieure de l'oreille. *h*, l'arbalêtrier
qui s'implante dans le trou L de l'étançon. *g*, poignée de l'oreille. *e*, crochet qui entre dans un piton
fixé en *b* à chaque côté du fcep, *fig.* 1. 3. & 5. E F,
face extérieure de l'oreille.

3. Plan à vûe d'oifeau de l'avant & de l'arriere-train
de la charrue. X Y, les fourchettes ou fourceau.

4. Le collier ou chignon. P, la clef du chignon qui embraſſe le têtard en-deſſous. Le chignon s'applique
fur la cheville 11 (*fig.* 3.) qui traverfe le petit têtard.

5. Profil de la charrue, où la roue antérieure A eſt
fupprimée.

6. Vûe de face des fourchettes X Y.

PLANCHE IV.

Herſes. Rouleau. Herſe roulante.

Fig. 1. Herfe quarrée. A B, palonnier. C D, la corde.
E F, grand bras. E G, tête. G H, fecond bras.
O, bras du milieu. P P, petit bras. *k l*, *m n*, épée
ou batte. Cette herfe a vingt-cinq dents.

2. Profil de la herfe, vû du côté du bras G H.

3. Herfe triangulaire faite de deux bras aſſemblés à
mi-bois en D fous un angle de 60 deg. & écartés
par trois traverfes. La premiere traverfe a deux chevilles ou dents; la feconde, quatre; & la troifieme,
fept; & chaque bras, fix: ce qui fait en tout vingt-
cinq.

4. Rouleau B *b*, avec fon brancard fait de deux tre-
felles A B, a b, aſſemblées par une traverfe C *c*.

5. Herfes roulantes avec leurs chevilles ou dents de
fer, & leur brancard.

6. Profil de la herfe, *fig.* 5.

PLANCHE V.

Maniere de brûler les terres.

Fig. 1. Gafons.
2. Gafons dreſſés.
3. Fourneau de gafons féchés, commencé.
4. Fourneau achevé.
5. Arrangement des fourneaux.
6. Maniere dont on laboure avec la charrue à verfoir, en la conduifant de A en B, de C en D, de E
en F, de G en H, *&c.* L'inclinaifon des hachures

marque celle du verfoir fur la longueur du fillon.

Fig. 7. Maniere dont on laboure en planche avec la
même charrue, en la conduifant de A en B, de C
en D, de E en F, de G en H, de K en L, de M en
N, de O en P, de Q en R, de S en T; fur laquelle
ligne S T on revient de T en S: ce qui forme la
féparation des planches.

8. Maniere dont on laboure avec la charrue à tourne-
oreille. On ouvre un fillon de A en B, l'oreille étant
à droite, comme les hachures en repréfentent la
pofition, puis on ouvre un autre fillon à côté de
celui-là de C en D, obfervant de changer de côté
l'oreille de la charrue; & ainfi de fuite, en chan-
geant fucceſſivement l'oreille de côté.

SEMOIRS.

PLANCHE Iere.

Fig. 1. SEmoir compofé fur les principes de MM. Du-
hamel, Tull & autres. Le femoir tout monté en
perfpective. A B D C, les brancards fur lefquels
font pofés les coffres du femoir. G, focs antérieurs.
H, focs poftérieurs. K; L, K, les trois dents de
herfes. K, un des tourillons du cylindre. B *g*, C *h*,
les mancherons. E F, le gouvernail.

2. Elévation latérale du femoir. Les dénominations
font les mêmes que dans la figure précédente.

PLANCHE II.

Fig. 3. Coupe longitudinale du femoir par le milieu
d'un des focs antérieurs G.

4. Coupe longitudinale par le milieu d'un des focs
poftérieurs H.

5. Plan du femoir où l'on voit les dix cloifons qui
féparent le coffre: le plan de la route de fix focs,
1, 2, 3, 4, 5, 6, & celui de la route des trois herfes, *t, u, x*.

PLANCHE III.

Fig. 6. Plan géométral du cylindre, de l'eſſieu, des
roues, & de la chaîne fans fin qui les aſſemble.

7. L'eſſieu.

8. Profil des deux poulies poligones & de la chaîne
fans fin qui les embraſſe.

9. Coupes & repréfentation perfpective du verrou
A B, & de la noix C D, qui porte la poulie poli-
gonale de l'arbre.

10. Elévation d'une des dix cloifons.

11. Le gouvernail F E; fon axe E T, & la fourchette
T R qui conduifent le verrou.

12. Repréfentation perfpective d'une des fix tranches
du cylindre cellulaire, où l'on voit la difpofition
des cellules dans lefquelles le grain eſt porté.

13. Développement de la chaîne fans fin, qui paſſant
fur les poulies de l'arbre & du cylindre, communique le mouvement des roues au cylindre.

*Nota. On ne décrit point ici le femoir de M. l'abbé Sou-
mille, parce qu'il en eſt fait mention dans la Planche premiere d'Agriculture, fig.* 4.

FAÇON DES FOINS, ET MOISSON.

Fig. 1. VIgnette repréfentant la récolte ou façon des
foins.

2. Vignette repréfentant la moiſſon.

3. Faucille pour couper ou fcier le bled, comme on
voit dans la vignette, *fig.* 2.

4. Faulx toute montée pour faucher le foin, repré-
fentée dans la vignette premiere. A B, fon manche.
C, la faulx. D, la main ou poignée.

5. La faulx féparée de fon manche. a a, le dos. b b,
le tranchant. c d, bras qui fert à attacher la faulx au
manche par le moyen d'une virole (*fig.* 8.) & d'une
clavette ou goupille de fer, *fig.* 7.

6. La main ou poignée garnie de fon collet de fer *e*.
f, la clavette qui fert à ferrer le collet *e* fur le manche A B de la faulx, *fig.* 4.

Fig. 7 & 8. Virole & clavette de fer pour attacher la faulx au manche, comme on le voit en B, *fig.* 4. & *fig.* 10.

9. Coupe de la faulx, pour faire fentir la languette qui regne de *a* en *a* fur le dos, *fig.* 5.

10. Enmanchement de la faulx.

11. Faulx à doigts fervant pour l'orge, l'avoine, &c. a a, les doigts. b b, les vis fervant à tenir les doigts toujours dans la même direction que la faulx. Les doigts, les vis, &c. font de bois fort léger, afin de ne point appefantir la faulx.

12. Marteau pour battre le fer de la faulx, & le rendre plus tranchant.

13. Enclume ou tas pour battre le fer de la faulx.

14. Pierre à aiguifer la faulx.

15. Coffin, ou étui à pierre dans lequel on met de l'eau : on en fait de fer blanc, comme (a) ; & de bois, comme (b).

16. Ceinture de cuir, pour accrocher le coffin au côté du faucheur.

17. Fourche de fer pour charger les bottes fur les voitures.

18. Rateau de bois à deux faces.

19. Fourche de bois.

BATTEUR EN GRANGE.

La vignette repréfente une grange.

Fig. 1. Voiture chargée de gerbes, que l'on décharge à la porte de la grange.

2. Gerbes deftinées aux batteurs.

3. Batteurs en grange actuellement occupés à battre les épics.

4. Ouvrier qui raffemble en tas avec une pelle les grains fortis des épics.

5. Ouvrier qui prend du grain pour le vanner.

6. Le crible.

7. Septier, minot, ou autre mefure pour mefurer le grain.

8. Fleau dont fe fervent les ouvriers de la *fig.* 3.

9. Maniere dont les deux branches du fleau font attachées l'une à l'autre.

10. Le nœud du fleau.

11. Rabot pour retirer le grain épars après qu'il a été battu.

12. Pelle de bois pour ramaffer le grain en tas, ou pour le mettre dans la mefure.

13 & 14. Vans, inftrumens deftinés à remuer ou vanner le grain, pour en ôter la pouffiere & les ordures.

15. Crible à mains, inftrument percé de petits trous par lefquels on fait paffer, en le remuant circulairement, le grain plus nettoyé qu'il n'a pu l'être par le van.

16. Crible à pié, efpece de trémie dont l'ufage eft le même que le crible à mains.

17. Mefure pour mefurer le grain.

CONSERVATION DES GRAINS, d'après M. Duhamel.

PLANCHE Iere.

Fig. 1. Corps du bâtiment de l'étuve, vu par-devant.

2. Coupe horifontale de l'étuve par la ligne A B de la *fig. premiere.*

3. Coupe verticale de l'étuve par la ligne E F de la *fig.* 2.

4. Coupe verticale de l'étuve par la ligne L Y de la *fig.* 2.

5. Coupe verticale de l'étuve par la ligne M N de la *fig.* 2.

6. Elévation perfpective d'une des armoires de l'étuve.

PLANCHES II. & III.

Fig. 1. Petit poîle de tôle à l'italienne.

2. Plan d'une petite étuve.

3. Poîle à la françoife.

4. Coupe longitudinale du poîle à la françoife.

5. Coupe tranfverfale du poîle à la françoife.

6. Vûe d'un grenier en tour ou cuve.

7. Le même grenier, avec fon couvercle & fes foufflets.

8. Grillage qui fe place ou fe forme dans l'intérieur de la cuve, fur le fond d'en-bas.

9. Grenier en forme de caiffe.

10. Plan du grenier en forme de caiffe, & du manége qui fait mouvoir les foufflets.

11. Coupe verticale du même.

MOULINS A VENT ET A EAU, pour moudre le blé.

PLANCHE Iere.

Vûe extérieure d'un moulin à vent.

PLANCHE II.

Coupe verticale du moulin fur fa longueur.

PLANCHE III.

Coupe verticale du moulin fur fa largeur. Engin à tirer au vent.

12, Treuil. 13, chaperon. 64, jambes. 60, effieu. *k*, poteau debout. *i*, liens. 2, 3, femelles. 6, roues. 69, pieu.

PLANCHE IV.

Vûe perfpective de l'intérieur du moulin:

Lettres & chiffres relatifs aux quatre premieres planches.

		Planc.			
A,	folles,		2.	3.	4.
B,	attaches,		2.	3.	4.
C,	liens,		2.	3.	4.
4,	chaifes,		2.	3.	4.
5,	chevrons de pié,		2.	3.	
6,	trattes,		2.	3.	4.
7,	couillards,		2.	3.	4.
8,	doubleaux,		2.	3.	4.
9,	poteaux corniers,		2.	3.	4.
10,	foûpentes,		2.	3.	4.
11,	entretoifes,		2.	3.	4.
D,	queue,		2.		4.
E,	limons de la montée,		2.		
14,	bras du chevalet,		2.		
F,	chevalet,		2.		
15,	fupport de la montée,		2.		
16,	entretoife,		2.		
17,	chaperon,		2.		
18,	lien du roffignol,		2.		
19,	poteau d'angle,		2.		
20,	appui du faux pont,		2.		4.
21,	lien fous la fabliere de la galerie,		2.		
22,	planchers,		2.	3.	4.
23,	pannettes,		2.	3.	4.
24,	guettes,		2.	3.	4.
25,	poteaux de rempliffage,		2.	3.	4.
26,	fommier,		2.	3.	4.
27,	faux fommier,		2.		4.
28,	poteau du faux fommier,		2.		4.
29,	pallier,		2.		
30,	fouche,		2.		
a,	petit fer, & chevilles du blutoir,		2.		
31,	poteau de la braye,		2.	3.	
32,	braye,		2.	3.	
33,	bafcule du frein,		2.	3.	4.
34,	épée de la bafcule du frein,		2.	3.	
35,	petite poulie du frein,		2.		4.
36,	plancher des meules, compofé de quatre cartelles,		2.		4.
37,	la huche & le blutoir,		2.		4.
38,	anche,		2.		
39,	montée du fecond étage,		2.		4.
40,	colliers,		2.		4.
41,	pannes meulieres,		2.	3.	4.
42,	entretoife,		2.		
G,	galerie,		2.		4.
43,	poteau de croifée de la galerie,		2.		4.

h, g, q, arbre de l'engin pour monter le blé dans le moulin. h, hériffon. s, levier fur lequel repofe le collet de l'arbre. ƒ m n, autre levier fur lequel repofe le premier. m k, barre de fer par laquelle le levier eft fufpendu. g, tambour ou devidoir fur lequel paffe la corde fans fin appellée la vindenne. n, p, corde par laquelle on gouverne cette machine. q, r, corde deftinée à monter les facs dans le moulin. *Fig.* 2, 3.

PLANCHE V.

Détails du moulin à vent & à eau.

Fig. 1. Vûe perfpective de la cage de charpente qui foutient les meules des moulins à eau ; des meules & archures; de la trémie, *&c.* F, anche par laquelle la farine tombe dans la huche, cottée 38 dans les planches précédentes. *a*, fer. C D, auget. C E, C B, cordes pour donner plus ou moins de blé. 1, 2, corde qui fufpend le morceau de bois qui fait fonner la fonnette. A, la fonnette. 2, 6, corde par laquelle le morceau de bois tire la fonnette. 4, porte de la tremie fufpendue par une corde au point 3. 66, les archures. G, extrémité de la trempure.

2. Les mêmes objets vus de profil. C D, l'auget. 66, les archures. H G, la trempure. 70, épée. L M, la braye. N, la lanterne.

3. Coupe des meules & du boitillon. *a*, le boitillon.

4. La cage du blutoir du moulin à vent en perfpective. A B, chauffe du blutoir. C, entonnoir de la chauffe. X, autre ouverture dans laquelle on conduit le

manche de l'anche quand on ne veut pas bluter. E D, portes par lefquelles on retire la farine.

Fig. 5. La chauffe en perfpective; les treuils par lefquels elle eft tendue, & les bâtons qui la mettent en mouvement. A B, la chauffe. C, l'entonnoir. O, P, cordes qui paffent dans les fourreaux de la chauffe. *a b, c d*, petits treuils par le moyen defquels on tend la chauffe. F H, la baguette. F G, attaches qui reçoivent la baguette. K L, bâtons. M N, arbre vertical.

6. Plan de la chauffe. Les lettres comme à la figure précédente.

7. Le gros fer & fa lanterne : on le fuppofe rompu en *b*, afin de rapprocher les extrémités.

8. L'anil.

9. Le petit fer. *a*, la tourte dont les fufeaux rencontrent l'extrémité K du bâton K L, *fig.* 5.

10. Fer d'un moulin à eau.

PLANCHE VI.

Vûe intérieure du moulin à eau ordinaire.

A, axe de la grande roue à aubes. B B, aubes. C, la roue garnie de foixante-douze alluchons. D, palier de l'arbre vertical D G. F, lanterne de dix-huit fufeaux. G, hériffon, ou roue horifontale de foixante-douze dents. H, lanterne à douze fufeaux de fer, qui porte la meule fupérieure. K, auget. L, tremie. M, huche. Le détail de toutes les parties de ce moulin, qui lui font communes avec le moulin à vent, & de quelques autres qui lui font particulieres, font repréfentées *Planc. V.* du moulin à vent, *fig.* 1. 2. & 10.

PLANCHE VII.

Moulin à eau du Bafacle à Touloufe, pour le blé.

Fig. 1. La divifion j. ij. iij. iv. eft le plan de la fondation de deux courfiers. 3 H 2, palier. H, crapaudine fur laquelle repofe le pivot inférieur de l'arbre de la meule. P, traverfe de bois entaillée où coule l'épée qui fufpend le palier. Q, platteforme fur laquelle la mâçonnerie du tambour eft conftruite. On voit, même figure, la conftruction du radier ; c'eft un affemblage de longrines & de traverfines qui repofent fur les têtes des pieux : il eft recouvert par des madriers dont la longueur eft fuivant la longueur du courfier.

2. La divifion ij. v. iv. vj. eft le plan de deux courfiers pris au-deffus du radier. A D, A D, radier du côté d'amont. C, vannes qui ferment le courfier. R R, maffifs de mâçonnerie qui dirigent le cours de l'eau à la circonférence de la tonnelle. G, la tonnelle où l'on voit la roue. H 3, 2, palier. H, crapaudine du pivot inférieur de l'arbre de la meule. 6, 5, la braie.

3. La divifion v. vij. vj. viij. eft le plan de l'intérieur du moulin pris au-deffus de deux courfiers. M, meule. L, couverfeaux qui avec les archures renferment les meules. Les archures font ici en partie de mâçonnerie, & en partie de bois. 9 8, trempure. 10, coins à élever ou abaiffer la trempure. C, C, vannes qui ferment ou ouvrent le courfier du côté d'amont.

4. La divifion indiquée par cette figure eft la coupe tranfverfale de deux courfiers, faite par le centre de la tonnelle, & vûe du côté d'aval.

5. Coupe tranfverfale de deux courfiers faite par un plan qui paffe par les vannes, & vûe du côté d'amont. R R, maffifs qui refferrent le courfier vû du côté d'amont.

6. Elévation de deux courfiers & d'une portion de l'étage au-deffus, vûe du côté d'amont. B B, vannes. C C, queue des vannes. L'une des vannes eft toute fermée ; l'autre autant ouverte qu'on le voit *Planc. VIII.* au profil, *fig.* 7.

PLANCHE VIII.

Fig. 7. Coupe longitudinale fuivant la longueur d'un
                                                    des

des courſiers. A A, niveau des eaux au-deſſus du moulin. B C, vannes qui deſcendent à couliſſes dans des poteaux, pour ouvrir ou fermer le courſier. B D, courſier d'amont. E F, courſier d'aval. 3 H 2, palier qui eſt accroché & repoſe en 2 ſur un ſeuil que l'on voit *fig.* 8 & 9. 3, 4, épée par laquelle le palier eſt ſuſpendu à la braie. 6, 5, la braie. 6, 7, épée par laquelle la braie eſt ſuſpendue à la trempure. 8, 9, la trempure. 10, coin qui éleve ou abaiſſe la trempure, & éloigne ou rapproche les meules. H K, arbre de la roue. G, la roue. K L, fer de la meule ſupérieure. L, archure ou tonnelle qui contient les meules. M, tremie N, petit cric qui approche ou éloigne l'auget. P, traverſe entaillée où coule l'épée de communication de la braie au palier.

Fig. 8. Coupe tranſverſale de deux courſiers faite par le centre de la tonnelle, & vûe d'amont. R R, partie du maſſif qui reſſerre le courſier, & qui forme la tonnelle vûe d'aval.

9. Elévation extérieure des deux courſiers, vûe d'aval.

10. Profil de la roue.

11. Plan de la roue qui eſt renfermée dans la tonnelle.

PLANCHE IX.

Divers moulins à bras.

Fig. 1. Moulin à cage ronde tout monté.

2. La manivelle.

3. La noix ou meule montée ſur ſon arbre.

4. Entretoiſe ſupérieure.

5. Entretoiſe inférieure.

6. Rondelle qui ferme la partie ſupérieure du moulin, & ſur laquelle repoſe la tremie.

7. Le boulon de la vis.

8. La vis.

9. Autre moulin à bras tout monté.

10. La boîte, dont l'intérieur eſt cannelé ou à dents.

11. La noix montée ſur ſon arbre.

12. Noyau de la noix.

13. Cloiſon de devant.

14. Cloiſon de derriere.

15. Face extérieure de la platine de derriere.

16. Face intérieure de la platine de derriere.

17. Face extérieure de la platine de devant.

18. Face intérieure de la platine de devant.

MOULINS A EXPRIMER LE SUC
des fruits & l'huile des graines.

PLANCHE Iere. double.

Moulin à huile avec preſſoir, dit à grand banc, de Languedoc & de Provence.

Fig. 1. Vue du moulin où l'on écraſe les olives. A, le baſſin. B, la meule.

2. Coupe du moulin. A, coupe du baſſin. B, coupe de la meule. On voit auſſi dans cette figure le bras de la meule aſſemblé avec l'arbre du moulin. *c d*, le bras. *e f*, l'arbre. *f*, pivot ſur lequel l'arbre ſe meut. *e*, ſon tourillon d'en-haut.

3. Elévation du preſſoir. D, la vis. F G, l'arbre. E, clefs ou ſolives des petites jumelles N. H, les cabats. I, clefs ou ſolives des grandes jumelles L. O, écrou de la vis. P, le maſſif tenant à la vis. C, auge placé à côté du preſſoir. S, premiere cuvette. T, ſeconde cuvette dont l'uſage eſt expliqué *fig.* 7.

4. Arbre ſéparé vû en-deſſous. O, écrou attaché à l'arbre, comme on voit, par des anneaux de fer & des clavettes. H, plan de la partie en ſaillie qu'on voit en H, *fig.* 3. F, queue de l'arbre F G. G, ſa fourche.

5. Vûe du preſſoir en-devant. O, l'écrou. G G, les fourches de l'arbre. N N, les petites jumelles. I I, clefs des jumelles de derriere. E E, clefs des jumelles de devant. D, la vis. P, le maſſif de la vis.

Tome I.

Fig. 6. Coupe verticale de la vis & du maſſif. O, écrou. G G, bouts de la fourche de l'arbre embraſſés de leurs attaches. D, la vis. P, le maſſif. Q, pivot de la vis. R, crapaudine du pivot Q.

7. Coupe du maſſif ſur lequel le preſſoir eſt aſſis. *Voyez* en S (*fig.* 3.), une cuvette : c'eſt là que ſe rend l'huile de deſſous le preſſoir. Cette cuvette eſt pleine d'eau aux deux tiers. On ramaſſe l'huile de deſſus cette eau ; enſuite par un robinet (*même fig.* 3.) on laiſſe paſſer dans la cuvette T l'eau de la cuvette S, avec ce qui eſt reſté d'huile à ſa ſurface. De la cuvette T, l'eau & l'huile reſtante ſe rendent par le canal V (*fig.* 7.) dans l'enfer Y. Ce receptacle Y ſe vuide de ſon eau par la chantepleure Z, qui puiſant l'eau à une certaine profondeur, laiſſe l'huile qu'on ramaſſe enſuite, & rien ne ſe perd.

8. Un cabas.

9. *a*, clé ou ſolive des grandes jumelles.

10. *b*, clé ou ſolive des petites jumelles.

11. Cuiller ou caſſerole de cuivre.

12. Lame dé cuivre.

PLANCHE II.

Moulin à exprimer l'huile des graines.

Fig. 1. A B, arbre tournant qui porte le volans. C, rouet. D, autre rouet. D E, arbre vertical. F, pallier qui porte l'arbre vertical. E, lanterne de l'arbre. G, autre rouet de l'arbre horiſontal. H K, Q Q, levées de l'arbre. L M, petits rouets. N N, cammes ou levées. O P, pilons. Q Q, cammes qui font mouvoir les pilons. S S, R R, autres pilons, *f, f, f*, mortiers. T V, *c d*, moiſes qui guident les pilons dans leur mouvement. *a b*, moiſes à laquelle ſont fixés les cliquets qui ſervent à ſuſpendre les pilons. 1, 5, place où l'on met les ſacs. 6, 7, calles qui ſervent à la preſſion latérale. 44, autres calles. 3, coins que le pilon S enfonce pour ſerrer. 2, coin renverſé que le pilon R chaſſe pour deſſerrer. X Y, Z Æ, piece de bois où ſont pratiqués les mortiers.

PLANCHE III.

Détails du précédent moulin, & moulin à moudre le tabac.

Fig. 2. Chaudiere où le marc ſe prépare à une ſeconde expreſſion.

3. Moulin à écraſer différentes ſubſtances végétales qui donnent de l'huile. On voit ſur l'arbre un collet quarré ſur lequel on monte un hériſſon ou rouet horiſontal, qui emprunte ſon mouvement du moulin, *fig.* 2. A B C D *g*, chaſſis. *m, h*, les meules. *e k f*, faux qui ramaſſe la graine. L, le maſſif de la cuve en pierre qui reçoit l'huile de la graine écraſée.

4. Moulin à tabac. A, le mortier. B, le cliquet. E D, chevron qui pouſſe le cliquet. 1, 2, rochet qui entoure le mortier. B C X, baſcule qui ſert à relever le chevron du cliquet.

5. Profil de la batterie de la *fig.* 4. S T V, baſcule ſupérieure qui pouſſe le chevron du cliquet. V X, chevron du cliquet.

6. Machine à ſaſſer ou tamiſer le tabac. G, lanterne. H, poulie. K, poulie à pluſieurs gouttieres, ſur une deſquelles paſſe la corde ſans fin qui vient de la poulie H. L M N, manivelle. O P, tamis. R, coffre.

MANUFACTURE DE TABAC.

PLANCHE Iere.

Le haut de la planche. Attelier de l'époulardage où l'on fait le triage des feuilles ; & où l'on ſépare les manoques, pour les diſtribuer par ſortes dans les caſes F G.

Fig. 1. Ouvrier qui coupe autour de la maſſe d'un boucaud toutes les feuilles qui ont été avariées en mer ou autrement. A B C, maſſes de feuilles contenues dans les boucauds.

2. Ouvrier qui détache les manoques de la maſſe E d'un boucaud pour les diſtribuer dans les caſes F. D, pa-

nier que l'on enleve par le moyen d'une poulie, pour transporter les feuilles dans l'attelier des écoteurs, placé au-deſſus de celui-ci. HHH, rolles de tabac dépoſés au-deſſus des caſes.

Le milieu de la Planche, attelier de la mouillade.

Fig. 1. L'ouvrier placé devant une table L, choiſit dans les manoques ou bottes de feuilles celles qui ſont propres à faire des robes. On entend par *robes* les feuilles les plus longues & les plus larges deſtinées à recouvrir les rolles. Il les mouille avec un balai ſervant d'aſperſoir ; elles paſſent enſuite à l'attelier des écoteurs. C, manne où l'ouvrier met les robes à meſure qu'il les mouille. A B, ſeaux dans leſquels la ſauce eſt contenue.

2. Ouvrier monté ſur un amas de feuilles. Il tient d'une main un ſeau rempli de ſauce, & de l'autre un aſperſoir pour mouiller par couches ce qu'on appelle déchets mélangés. On voit par la figure que cet attelier eſt placé au rez-de-chauſſée ; que le pavé eſt formé par de grandes dalles de pierres un peu inclinées vers celles du milieu E, qui ſont creuſées en caniveau pour laiſſer écouler l'eau ſuperflue. D, planche qui couvre une partie du caniveau, afin que l'accès auprès des cuves de pierre F G, ſoit plus facile. Les parois de cet attelier ſont couverts de fortes planches, pour empêcher que les tas de feuilles ne touchent les murailles. Il y a auſſi différentes tables, comme M.

Le bas de la Planche.

Les parties les plus eſſentielles de l'attelier de la mouil-lade, vûes plus en grand, & cottées des mêmes lettres. A B, ſeaux. C, manne. D, planche qui couvre le caniveau E. F G, deux robinets partant d'un tuyau commun, par leſquels l'eau néceſſaire eſt verſée dans les cuves de pierre qui ſont au-deſ-ſous, dans leſquelles on prépare la ſauce. H, K, grands & petits balais ou aſperſoirs à l'uſage des mouilleurs.

P L A N C H E II.

Le haut de la Planche, attelier des écoteurs.

A, ouverture pratiquée au plancher & entourée d'une rampe, par laquelle, au moyen des poulies mou-flées B C, on monte les feuilles qui ſortent de la mouillade, dont l'attelier, auſſi-bien que celui de l'époulardage, eſt placé au-deſſous de celui-ci.
Fig. 1. 2. 3. 4. 5. Bancs ſur chacun deſquels ſont aſſis pluſieurs petits garçons occupés à écôter les feuil-les, c'eſt-à-dire à en ôter la côte longitudinale. Ils jettent les feuilles écôtées dans une autre manne, & les côtons ou côte derriere les bancs où ils ſont aſſis.

Le milieu de la Planche, filage, attelier des fileurs.

Fig. 1. 2. 3. 4. Filage à la françoiſe. Il ſe fait ſur une table fort élevée, diviſée par des cloiſons en quatre par-ties égales, qui ſont les places d'autant d'ouvriers. D D, bancs ſur leſquels s'aſſeyent les ouvriers ſer-vans, *fig.* 2. & 3. Il y en a deux pour chacun des deux ouvriers fileurs, *fig.* 1. & 4. L'un (*fig.* 2.) prend une certaine quantité de feuilles proportion-née à la groſſeur qu'on veut donner au boudin. Il les comprime par un premier tord, & les paſſe enſuite à l'ouvrier fileur (*fig.* 1.), pour être filés les uns au bout des autres. Le ſecond enfant aſſis à côté & ſur le même banc, & qui n'a point été repré-ſenté pour éviter la confuſion, paſſe des robes tou-tes préparées au même fileur. Le fileur (*fig.* 4.) eſt de même ſervi par deux enfans, dont l'un lui four-nit des poignées & l'autre des robes. L'un & l'autre des deux fileurs (*fig.* 1. & 4.) forment avec les poi-gnées des parties de boudin longues d'environ trois pieds *a b*, appellées *poupes.* Chacun des fileurs eſt monté ſur un eſcabeau *c c*, pour pouvoir opérer avec plus de facilité ſur la table indiquée où il forme les poupes. L'autre côté de l'attelier repréſente la

maniere de filer à la hollandoiſe, en ſe ſervant du rouet.
Fig. 5. Enfant qui tourne le rouet *f.*
6. Fileur qui réunit les unes aux autres les poupes que les fileurs (*fig.* 1. & 4.) ont formées & les couvre d'une nouvelle robe.
7. Enfant qui fournit les robes au fileur. *e*, écuelle dans laquelle eſt une éponge imbibée d'huile d'olive, dont le fileur ſe frotte les mains, pour que le bou-din roule avec plus de facilité entre elles & la ta-ble. Les fileurs de poupes en ont auſſi une ſembla-ble. *d*, crapaudine de bois ſur laquelle roule le bourlet ou collet du rouet. *g*, poteau ſur lequel roule l'autre tourillon du rouet. *h*, manne dans laquelle l'ouvrier de la *fig.* 7. prend les robes.
8. Table dégarnie de ſon rouet. *a c*, la table *a*, la crapaudine. *b*, montant qui porte le tourillon de la manivelle.

Le bas de la Planche.

9. Plan du rouet : il eſt de fer, & compoſé d'un chaſſis R S T V, dont les longs côtés R S, T V, ſont per-cés en G & F de deux trous ronds, pour recevoir les tourillons de l'arbre ou noyau A ſur lequel le boudin ſe roule. Les longs côtés ſont réunis enſem-ble par la traverſe S V, & par les parties R D, T D, qui communiquent à la douille D, par l'ouver-ture de laquelle paſſe le boudin. Tout le chaſſis eſt d'une ſeule piece. Les extrémités du noyau A ſont terminées par deux cercles N O, P Q, dont on voit l'élévation dans le profil du rouet (*fig.* 10.), & fermées intérieurement par deux plaques de tolle. Sur le milieu de la traverſe S V, eſt fixé un boulon H, qui ſert de tourillon au rouet. L'extré-mité de ce tourillon taraudée en vis eſt reçue dans l'ouverture K de la manivelle K L, dont la poignée L eſt mobile ſur une broche qui la traverſe. Le tou-rillon H roule dans des collets qui ſont au haut du poteau vertical *g* ; & le bourlet de la douille D roule dans la crapaudine de bois dont on a parlé, qui eſt fixée ſur le bord de la table du fileur.
10. Le profil du rouet. Q, élévation d'un des cercles qui terminent le noyau du rouet. A, rochet denté monté quarrément ſur le prolongement du touril-lon G du noyau A, *fig.* 9. B, cliquet qui eſt conti-nuellement pouſſé contre les dents du rochet par le reſſort C. M, piton à vis qui ſert de centre de mouvement au cliquet, & que l'on ôte quand on veut devider le boudin dont le rouet eſt chargé, pour en former des rolles.

P L A N C H E III.

Le haut de la Planche, attelier des rolleurs.

Fig. 1. Ouvrier qui devide le rouet chargé de tabac en boudin, & le fait paſſer au rolleur ; *fig.* 2. *f*, le rouet dont les tourillons ſont portés par les deux poteaux *d e.* Chacun de ces poteaux eſt retenu par quatre liens aſſemblés dans les faces & ſur le plancher. Pour devider le boudin de tabac de deſſus le rouet, on ôte le piton M (*Planc.* II. *fig.* 9. & 10.), & par ce moyen le cliquet B ; ce qui permet au rouet de rétrograder.
2. Le rolleur. C'eſt l'ouvrier qui forme les rolles. On entend par rolle une pelote où le boudin eſt roulé pluſieurs fois ſur lui-même. Voici la maniere dont on les forme. Le rolleur a devant lui ſur ſa table l'inſtrument (*fig.* 6.) du bas de la Planche, qu'on nomme *matrice*, garni de deux chevilles de bois, & ayant ſaiſi un bout du boudin, il l'applique à côté d'une des chevilles, & forme un écheveau compoſé de trois tours (*fig.* 5. *du bas de la Planche.*) Il lie en trois endroits cet écheveau avec de la ficelle, & le retire enſuite de deſſus la matrice. C'eſt cet écheveau qui occupe le centre du rolle & en forme le noyau. Pour achever de le former, le rolleur attache le bout de boudin à une des extrémités avec une petite cheville de bois, & continue de tourner le boudin autour du noyau, juſqu'à ce qu'il ſoit tout couvert. On forme ainſi trois, quatre ou cinq

couches les unes sur les autres, dont on observe de bien serrer & cheviller les différens tours.

Fig. 3. Autre table destinée au même usage. On voit à côté un boucaud *g*, rempli de chevillettes de bois d'environ trois pouces de longueur, qui servent à fixer les différens tours du boudin les uns sur les autres.

4. Vûe perspective de la presse, pour comprimer & égaliser les rolles. Elle est composée de deux fortes tables de bois d'orme. La supérieure portée par des chevalets est percée de deux trous, pour laisser passer les vis de bois A C, B D. La table inférieure est aussi percée de deux trous qui répondent au-dessous de ceux de la table supérieure. Ces trous sont taraudés pour recevoir les vis & leur servir d'écrous. C'est sur la table inférieure que l'on pose les rolles F F qu'on élève avec la table inférieure mobile entre les quatre montans des chevalets, pour les comprimer fortement entre les deux tables, en faisant tourner les vis A B du sens convenable avec le levier G.

Le milieu de la Planche, attelier des coupeurs.

Fig. 1. Le coupeur debout devant une table solide recouverte d'une planche, tire à lui le bout du boudin d'un rolle *a d*, qui est monté sur la machine, dont le détail est au bas de la Planche; & l'ayant étendu, il applique dessus la matrice ou mesure (*fig.* 8.) & avec le couteau (*fig.* 4.) il coupe de mesure ce boudin : ce qui forme des longueurs *e*. Il continue jusqu'à ce que le rolle soit entièrement employé *b c*, montant percé d'une longue mortoise, pour que le bras *a b*, qui porte le pivot supérieur, puisse s'élever & s'abaisser à volonté, suivant les différentes hauteurs des rolles. *f*, chambrière. *g*, manne dans laquelle le coupeur transporte les longueurs, pour les déposer par sortes & qualités dans les cases.

2. Cases formées de planches d'environ dix-huit pouces de profondeur, où on dépose par sortes les longueurs.

Bas de la Planche.

Fig. 3. La table du coupeur vûe sous un autre aspect & plus en grand. A B C D, machine dans laquelle le rolle est monté. D C, semelle. B C, poteau vertical percé d'une longue mortoise pour laisser couler le bras. Les faces latérales sont aussi percées de plusieurs trous ronds pour recevoir une cheville de fer qui fixe le bras à la hauteur que l'on veut. A B, le bras dont le tenon est traversé d'une clé aussi de bois, pour affermir solidement le bras avec le montant. A, pivot supérieur que l'on fait entrer à force dans le centre du rolle. F, platine & pivot inférieur que l'on fixe en D sur l'extrémité de la semelle, par quatre vis à bois. Le pivot qui roule dans le canon de la platine, & dont la partie supérieure est quarrée, est reçu dans un trou de même forme qui est au centre de la pièce G. dont on voit le plan en H. E, la planche sur laquelle le coupeur coupe les longueurs.

4. Couteau du coupeur.

5. La matrice chargée d'un écheveau.

6. La matrice vûe séparément.

7. Masse ou marteau du rolleur, & chevillette quarrée dont il fait usage pour assujettir les uns sur les autres les différens tours du boudin qui forment un rolle.

8. La matrice avec laquelle le coupeur mesure les longueurs du boudin qu'il veut couper, pour que les bouts soient égaux entre eux. *r s*, matrice vûe par-dessus, & du côté où l'ouvrier la tient. *t u*, matrice vûe par-dessous & du côté qui s'applique sur le boudin. Cet outil est ferré par les deux bouts.

9. Longueur de boudin égale à la longueur de la matrice, & un peu moindre que la longueur des carottes qu'elles doivent former.

PLANCHE IV.

Presses.

Attelier des presses où on met le tabac en carottes. 1, 2, 3, 4, 5, 6, &c. presses rangées des deux côtés &

sur le mur du fond de cet attelier. Il y en a dans la fabrique de Paris jusqu'à soixante rangées le long des quatre faces d'une longue galerie. Vingt ou vingt-cinq ouvriers appliquent leurs forces à l'extrémité du grand levier de fer avec lequel on fait tourner les vis des presses. A, chapiteau qui couvre l'ouverture de l'écrou dans lequel passe la vis, dont l'extrémité supérieure entre dans le chapiteau, lorsqu'on desserre la presse, & que la lanterne est élevée à une certaine hauteur. C, la lanterne qui est montée quarrément sur la vis, & dont les platines & les fuseaux sont aussi de fer. B, sommier ou table de la presse entaillée aux quatre coins pour faire place aux jumelles le long desquelles il peut descendre, étant suspendu à l'extrémité inférieure de la vis. L'excursion est d'environ deux piés. D, pile de tables remplies de moules, dans chacun desquels on a mis six ou huit longueurs, que la forte pression réunit & forme en carottes. E, seuil de la presse dont on ne voit que la moindre partie, le reste étant dans une fosse recouverte de planches qui affleurent le plancher ou rez-de-chaussée de cet attelier. La presse cottée 2 est entièrement vuide, ainsi que toutes celles qui sont du côté des fenêtres. Celles qui sont cottées 3, 4, 6, ont été plus ou moins comprimées. Celle qui est cottée 5 n'a point de sommier ni de vis. On voit aussi dans le milieu du même attelier un long établi sur lequel on range les tables qui contiennent les moules.

Fig. 1. Pieces du moule vû en grand. Il est composé de deux pieces de bois *g h*, *k l*, creusées en gouttières demi-cylindriques. Les pieces inférieures *k l* sont séparées les unes des autres par de petits ais *m m*, *n n*, comme on le voit dans toutes les autres figures de la même planche.

2. Elévation d'une pile de tables remplies de moules, & les moules de longueurs pour former des carottes par la pression. Cette pile est composée de cinq tables, & chaque table contient douze moules; chaque moule huit bouts ou longueurs : ce qui en une seule pressée fait soixante carottes. *c c c c*, pieces supérieures des moules. Entre *d* & *e* on voit que les ais qui séparent les moules les uns des autres, laissent un vuide; ce qui permet aux pieces supérieures des moules de descendre; lorsque le sommier de la presse s'applique en *c c c c d e*, & sur leurs faces supérieures. Cette première table *a b*, fait le même effet par rapport à celle qui est au-dessous, ainsi de suite jusqu'à la dernière. *t*, profil des longs coins plats qui servent à presser latéralement les ais & les moules les uns contre les autres.

3. Elévation d'une pile de tables pour faire du tabac à six bouts. Il y a six tables les unes sur les autres, & chacune contient quatorze moules.

4. Etabli sur lequel on arrange les moules dans les tables, & où on les remplit de longueurs. *o o o o*, pieces supérieures des moules non encore mises en place. *p p p*, moules chargés de longueurs, & recouverts de leurs pieces supérieures. *q q q q*, moules non encore chargés. C'est sur le fond de la gouttiere & entre les ais, que l'on étend le nombre de longueurs, six ou huit, convenable à la sorte de carottes que l'on veut former : on les y comprime légerement avec un vieux moule *r r* (au-dessous de la table), en frappant avec la masse *s s*; en sorte que l'on puisse placer les pieces supérieures *o o o o* des moules, qui aussi-bien que les ais qui les séparent, doivent être graissées avec de l'huile d'olive. *t t*, écuelle qui contient l'huile d'olive & l'éponge. *x*, espece de brosse servant à nettoyer le fond des gouttieres des pieces inférieures. *u*, maillet pour chasser les coins qui compriment latéralement les moules entre les côtés de la table.

PLANCHE V.

Elévation, profil & développement d'une presse.

Fig. Elévation d'une presse. A B, sommier ou écrou de bois de chêne; il est percé de quatre trous quarrés de deux pouces de dimenſion, pour laiſſer paſſer les quatre jumelles de fer de deux pouces d'équarriſſage. PR, PR, deux bandes de fer plates, percées auſſi de deux trous quarrés; elles reçoivent les extrémités ſupérieures des deux jumelles. Les jumelles ſont terminées en vis qui ſont reçues dans de forts écrous de fer qui empêchent le ſommier de s'élever. G H, platine de la boëte de fer, ou écrou proprement dit de la vis *f*. K L, lanterne de la vis; elle eſt auſſi toute de fer. M N, crapaudine ſur laquelle roule la portée de la vis, & par laquelle le ſommier mobile ou la table C D eſt ſuſpendue. Ce ſommier eſt entaillé aux quatre coins pour recevoir les quatre jumelles le long deſquelles il doit gliſſer; elles lui ſervent de guide. E F, ſeuil de la preſſe, au-deſſous duquel en R R, ſont deux boulons qui paſſent dans les yeux des jumelles, ce qui les empêche de s'élever. Le ſeuil eſt placé dans une foſſe de maçonnerie, & y entre juſqu'à la retraite qu'on voit dans la planche. C'eſt ſur cette retraite & ſur une feuillure pratiquée dans la maçonnerie, que ſe repoſent les planches ou madriers qui ferment les foſſes où ſont placés les ſeuils des preſſes, & où ils ſont iſolés. On a ſoin auſſi de les enduire de goudron pour les conſerver.

Fig. 2. Profil ou élévation latérale de la même preſſe. P, écrou de fer au haut des jumelles. B, ſommier ou écrou de bois. Q T, moiſes de fer entaillées du côté des jumelles, qu'elles reçoivent dans leurs entailles, comme on voit en Q, *fig.* 1. une des deux moiſes plus longue que l'autre, a ſon extrémité T taraudée en vis, & traverſe un fort crampon ſcellé dans le mur. La longue moiſe y eſt fixée par un écrou T & par un contre écrou S; en ſorte qu'elle ne peut avancer ni reculer. Les deux moiſes ſont jointes enſemble par des boulons à tête & à vis; elles repoſent ſur des boſſages ſoudés aux faces latérales des jumelles, & elles portent le ſommier, comme on voit, *fig.* 1. *f*, la vis. K L, la lanterne. D, ſommier mobile ou table de la preſſe avec les entailles qui reçoivent les jumelles. F, le ſeuil dont on voit les retraites ſur leſquelles poſent les planches qui affleurent le rez-de-chauſſée indiqué par la ligne ponctuée Æ Œ. Z Y, étréſillons qui aſſujettiſſent le corps de la preſſe dans la foſſe de maçonnerie où le ſeuil eſt renfermé. V X, fort boulon de fer qui traverſe les yeux des jumelles, dont la partie inférieure terminée en quarré poſe ſur le fond de la foſſe.

3. Profil de la vis & de la lanterne ſéparée de la preſſe. *f*, la vis dont les filets qui ſont quarrés, ont cinq lignes de largeur, & autant de profondeur. *e*, partie de la tige de la vis, qui eſt arrondie & placée entre deux parties quarrées qui traverſent les platines de la lanterne K L. C'eſt ſur cette partie arrondie que s'applique l'extrémité du levier avec lequel on ſerre la preſſe. *d*, aſſiete ou pivot qui repoſe ſur la crapaudine du ſommier mobile. *d b*, tige qui traverſe cette crapaudine & la platine qui lui ſert de baſe. L'extrémité *b* eſt percée d'une mortoiſe *c*. *a*, cul-de-lampe, dans lequel entre l'extrémité *b* de la tige, après avoir traverſé la crapaudine & ſa platine quarrée. Le cul-de-lampe eſt auſſi percé d'une mortoiſe égale à la mortoiſe *c* de la tige *d b*. Une clavette de calibre joint enſemble ces deux pieces, entre leſquelles la crapaudine & ſa platine qui ne ſont qu'une ſeule piece, peuvent tourner aiſément.

4. Profil de la boîte ou écrou proprement dit, qui reçoit la vis. G *g* H, la boîte. *n n*, les deux lardons qui ſont ſoudés ſur la ſurface extérieure de la boîte pour la fortifier & l'empêcher de tourner dans le ſommier de bois A B, *fig.* 1. où elle eſt encaſtrée juſqu'à la platine G H. Cette platine de la forme d'un parallélogramme, preſque auſſi longue que le ſommier a d'épaiſſeur, eſt percée aux quatre coins, pour recevoir des pitons à vis *m m*, par le moyen deſquels la boîte eſt fixée & demeure ſuſpendue à la face inférieure du ſommier ou écrou de bois que la vis peut traverſer. M *g* N, profil de la cra-

paudine. *g*, partie ſur laquelle s'applique la portée *d* de la vis, *fig.* 3. M N, la platine de même dimenſion que celle de la boîte; elle eſt auſſi percée aux quatre angles de trous deſtinés à recevoir l'extrémité *h* des boulons *k k* qui traverſent toute l'épaiſſeur du ſommier mobile C D, *fig.* 1. & de la platine M N. Les têtes *k k* de ces boulons ſont noyés & affleurent la ſurface inférieure du ſommier en-deſſous; leurs extrémités ſupérieures *h h*, qui ſont taraudées en vis, ſont reçues, après avoir traverſé la platine, dans des écrous, par le moyen deſquels le ſommier mobile demeure ſuſpendu à la crapaudine.

Fig. 5. Plan de la lanterne K L, qui a douze fuſeaux. Les extrémités des fuſeaux ſont taraudées & reçoivent des écrous, par le moyen deſquels ils ſont fixés ſolidement aux platines de la lanterne.

PLANCHE VI.

Le haut de la Planche, attelier des ficeleurs.

Fig. 1. 2. 3. Ouvriers qui ficelent les carottes de tabac, après qu'elles ſont ſorties des moules.

4. Corps de tablettes où les ouvriers placent les carottes ficelées qui doivent enſuite paſſer dans l'attelier des pareurs, & auſſi celles qui ſont encore ſous liſieres, telles qu'elles viennent de l'attelier des preſſes. Quelques mannes, pour transporter les carottes, ſont tout ce qu'on trouve d'inſtrument dans cet attelier.

Le milieu de la Planche, attelier des pareurs.

Fig. 1. Pareur qui avec le couteau à parer coupe & ébarbe les extrémités des carottes. Pour cela il appuie la carotte contre une cheville de fer fixée dans la table *e*, ſur laquelle il travaille, & de l'autre main il coupe le ſuperflu qui n'a pas pu être cordé. Leurs tables ou établis ſont garnis de deux arcs de fer *h*, *k*, dont l'uſage eſt d'empêcher les carottes de rouler. Du côté *g* ſont les carottes parées, & de l'autre *f* celles qui n'ont pas eu cette préparation.

2. Autre établi pour parer. *a b*, chevillés.

3. Corps de tablettes pour dépoſer les carottes.

4. Carotte ſous liſiere, c'eſt-à-dire enveloppée d'un ruban de fil tourné en ſpirale tout du long de la carotte. On les enveloppe ainſi au ſortir des moules & dans l'attelier des preſſes, pour empêcher que les différentes longueurs ne ſe ſéparent dans le transport & par le frottement.

5. Carotte dépouillée de ſa liſiere, ou telle qu'elle eſt en ſortant du moule, avant d'en avoir été revêtue.

6. Carotte en partie ficelée, où on voit la vignette qui contient une ligne d'impreſſion.

7. Aiguilles de ficeleur. L'une eſt vuide, & l'autre eſt chargée de ficelle.

8. Couteau du pareur.

C H A N V R E ,

Premier travail à la campagne.

PLANCHE I*ere*.

Premiere & ſeconde diviſions. Travail du chanvre.

LA vignette repréſente l'attelier des eſpadeurs, dont le mur du fond eſt ſuppoſé abattu pour laiſſer voir dans le lointain les préparations premieres & champêtres du chanvre. Quand il a été arraché de terre, & qu'on a ſéparé le mâle d'avec la femelle, on le fait ſécher au ſoleil; enſuite on le frappe contre un arbre ou contre un mur, pour en détacher les feuilles ou le fruit, & on le fait roüir ou dans une mare ou dans un ruiſſeau, ou enfin dans ce qu'on appelle un routoir; c'eſt un foſſé où il y a de l'eau.

Fig. 1. Routoir *q*, où l'on a mis le chanvre. Pluſieurs hommes ſont occupés à le couvrir de planches, & à les charger de pierres pour le tenir au fond de l'eau, & l'empêcher de ſurnager.

2. Ouvrier qui paſſe le chanvre ſur l'égrugeoir *r*, pour détacher le grain qui y eſt reſté.

Fig.

Fig. 3. Le haloir *t.* C'eft une efpece de cabane où l'on fait fécher le chanvre, en le pofant fur des bâtons au-deffus d'un feu de chenevote.

4. Une femme *s* qui tille du chanvre, c'eft-à-dire qui en rompant le brin, fépare l'écorce du bois.

5. Ouvrier qui rompt la chenevote entre les deux mâchoires de la broye *u.*

6. Ouvrier qui efpade, c'eft-à-dire qui frappe avec l'efpadon Z fur la poignée de chanvre N qu'il tient dans l'entaille demi-circulaire de la planche verticale du chevalet Y.

7. Ouvrier qui, pour faire tomber les chenevotes, fecoue contre la planche M du chevalet la poignée de chanvre qu'il a efpadée.

8. Autre efpadeur qui fait la même opération fur l'autre planche verticale du chevalet.

9. Bas de la planche. L'égrugeoir dont fe fert l'ouvrier de la figure 2. L'extrémité de cet inftrument qui pofe à terre, eft chargée de pierres pour l'empêcher de fe renverfer.

10. Mâchoire fupérieure de la broye vûe par-deffous. On voit qu'elle eft fendue dans toute fa longueur pour recevoir la languette du milieu de la mâchoire inférieure, & former avec celle-ci deux languettes ou tranchans-mouffes propres à rompre & brifer la chenevote.

11. La broye toute montée. La mâchoire fupérieure eft retenue dans l'inférieure par une cheville qui traverfe tous les tranchans.

12. Chevalet fimple, X, le même que celui cotté X dans la vignette.

13. Chevalet double, Y Y, le même que ceux cottés M, Y, dans la vignette.

14. Elévation d'une des planches du chevalet, foit fimple, foit double.

15. Elévation & profil d'un efpadon vû de face en A, & de côté en B.

PLANCHE Iere.

Troifieme divifion fervant de Planche feconde.

La vignette repréfente l'attelier des peigneurs.

Fig. 1. 2. 3. Peigneurs dont les uns peignent le chanvre fur le peigne à dégroffir, & d'autres fur les peignes à affiner. Ces peignes font pofés fur de grandes tables R portées fur des treteaux & fcellées dans le mur.

4. Peigneur qui paffe fa poignée de chanvre dans le fer A, pour en affiner le milieu, & faire tomber les chenevotes que le peigne n'a pas ôtées.

5. Ouvrier qui frotte le milieu de fa poignée fur le frottoir, pour achever d'affiner cette partie.

Bas de la Planche.

6. S, plan & élévation d'un grand peigne ou feran garni de quarante-deux dents de douze à treize pouces de longueur. Il fert à former les peignons.

7. T, peigne à dégroffir, garni du même nombre de dents de fept à huit pouces de longueur.

8. V, plan & élévation du peigne à affiner. Les dents en même nombre ont quatre ou cinq pouces.

9. Plan & élévation d'un peigne fin dont les dents font au nombre de trente-fix.

10. Fer féparé du poteau auquel il eft attaché dans la vignette. La branche coudée qui traverfe le poteau en B étant terminée en vis, eft reçue dans un écrou. C, repréfente une autre maniere de le fixer : c'eft une clavette double qui traverfe la branche coudée, & l'empêche de fortir.

11. & 12. Plan & coupe du frottoir.

CULTURE ET ARSONNAGE
du coton.

Fig. 1. UNe habitation des Ifles de l'Amérique où l'on cultive le coton. N°. 1, cotonier dans toute fa grandeur, arbufte portant le coton. 2, negre qui cueille le coton. 3, negre qui épluche le coton.

Tome I.

4, négreffe qui paffe le coton au moulin, pour en féparer la graine. 5, negre qui emballe le coton en le foulant des piés, & fe fervant d'une pince de fer pour le même effet. 6, autre negre qui de tems en tems mouille la balle extérieurement en jettant de l'eau avec les mains pour faire refferrer la toile qui hape mieux le coton & l'empêche de gonfler & de remonter vers l'orifice de la balle. 7, balles de coton prêtes à être livrées à l'acheteur. 8, petits bâtimens caboteurs qui viennent charger du coton fur la côte. 9, partie d'une plantation de cotoniers. 10, cafe à coton, & engard fous lequel fe rangent les négreffes qui paffent le coton au moulin.

Fig. 2. Extrémité d'une branche de cotonier. N°. 1. Petites feuilles à trois pointes. 2, grandes feuilles à cinq pointes. 3, fleurs. 4, 4, feuilles formant le calice de la fleur. 5, cocon ou fruit du cotonier; couvert de fon calice. 6, fruit ouvert dont les flocons de coton font épanouis. 7, cocon qui commence à s'ouvrir par la pointe. 8, graine de coton à-peu-près de groffeur naturelle. 9, graines de coton proportionnées au deffein de la plante. 10, pince de fer en pié de chevre, fervant à fouler le coton dans les balles.

3. Arfonnage du coton. A, le chinois. B C, faifceau de rofeaux qui foutient l'arfon. d, anneau de fer qui foutient le faifceau de rofeaux. E, le coton fous la corde de l'arfon.

4. L'arfon. *a b*, perche de l'arfon. *c*, panneau de l'arfon.

5. Coche.

TRAVAIL ET EMPLOI DU COTON.
PLANCHE Iere.

Le haut de la Planche, ou la vignette repréfente l'intérieur d'une fabrique.

Fig. 1. OUrdiffeur qui ourdit la chaîne. L'ourdiffoir eft compofé de cinq rangs de chevilles fur lefquelles il étend & affortit les fils de différentes couleurs, obfervant de conferver les encroix. Ces chevilles font de fix pouces de longueur hors du mur & par couples. La diftance d'une couple à l'autre eft d'environ un pié.

2. & 3. Ouvriers qui avec de la colle imbibent la chaîne envergée & étendue fur l'équari A B, fur les longs côtés duquel les enverjures ou baguettes C D repofent.

4. & 5. Deux autres ouvriers qui fuivent les précédens & achevent d'étendre l'apprêt, en paffant leurs vergettes ou pelotes de pluche de laine deffus & deffous la chaîne, à laquelle ils les appliquent en coulant de A vers B, pour la fécher & en féparer les fils.

6. Tifferand qui fabrique fur le métier une piece de toile. On voit auprès le moulin à pié.

Le bas de la Planche.

Fig. 1. Moulin à pié pour féparer le coton de fa graine. A A A A, les montans & patins du chaffis qui porte les rouleaux. B, les rouleaux, à une des extrémités de chacun defquels eft fixée quarrément une des deux roues ou volans C, C, qui tournent en fens contraire. D, cheville placée hors du centre fervant de manivelle. D E, corde qui communique le mouvement du marchepié à une des roues C. Il y en a une femblable à l'autre extrémité F du marchepié E F. G, tablette inclinée fur laquelle tombe la graine. Les couffinets ou collets dans lefquels roulent les tourillons des rouleaux, peuvent être ferrés ou defferrés à volonté, pour approcher ou éloigner les rouleaux mobiles dans les rainures des montans où on les fixe par des clés.

2. Petit moulin à main pour le même ufage. *a b*, les rouleaux cannelés. *c*, la manivelle.

C

Fig. 3. Les deux cardes du fileur. A B, la grande carde. C D, la petite carde.

4. Partie de la chaîne & des baguettes ou envergeures fur lefquelles les fils de la chaîne s'entrecroifent. *a b, c d,* couple de baguettes. *e f, g h,* autre couple de baguettes éloignées d'environ un pié de la premiere. Les deux baguettes d'une couple font jointes enfemble par des S de fil de fer. *r s t u,* un des fils de la chaîne qui paffe alternativement deffous & deffus une des baguettes de chaque couple. *k l m n,* fecond fil de la chaîne qui paffe deffus & deffous les baguettes qui font mifes pour foutenir la chaîne dans fa longueur, & conferver tous les encroix que l'ourdiffeur (*fig.* 1.) de la vignette y a pratiqués.

5. Une des deux pelotes revêtue de pluche de laine, dont les apprêteurs (*fig.* 2. 3. 4. 5.) fe fervent comme de vergettes pour étendre l'apprêt fur la chaîne. L'intérieur de la pelote eft rempli de crin frifé.

PLANCHE II.

Maniere de peigner le coton.

Fig. 1. Premiere opération. Peigner du coton avec une feule carde.

1. *bis.* Flocons de coton faits à la main, après qu'on a féparé la graine.

2. Seconde opération. Continuation du peigner du coton, ou partage du coton fur deux cardes.

3. Troifieme opération du peigner du coton, ou tranfport du coton de la grande carde fur la plus petite.

4. L'étoupe du coton.

5. Flocon de coton luftré une premiere fois.

6. Flocon de coton luftré une feconde fois.

PLANCHE III.

Maniere de luftrer & de filer le coton.

Fig. 1. Luftrage du coton.
2. Filage du coton.
3. Mains du fileur vûes féparément.
4. L'ourdiffoir. A, le tambour de l'ourdiffoir. B C, roues qui mefurent la quantité de l'ourdiffage. D *d f,* reffort qui avertit de la quantité de l'ourdiffage. Lorfque le tambour a fait autant de tours qu'il en faut pour que la roue B en faffe un ; & la roue B autant de tours qu'il en faut pour que la roue C en faffe un : alors la cheville *d* rencontre l'extrémité *f* du reffort D *d f,* paffe & laiffe revenir le reffort qui frappe un coup contre la cheville E.

PLANCHE IV.

Métier à faire la toile de coton.

Nota. Dans le texte ce font des lettres majufcules, & dans les Planches on a mis des lettres minufcules.

Le haut de la planche repréfente le métier à faire la toile de coton, & l'ouvrier à fon métier : ce métier n'a rien de particulier. *a,* le poids qui paffe fur l'enfuple de derriere, & qui tend la chaîne. *b b,* l'enfuple & le chaffis du métier. *c,* les liffes. *d,* les marches. *f,* l'ouvrier. Au bas de la Planche, le même métier vû de profil. Les mêmes lettres marquent les mêmes parties. *e e,* les maillons.

CULTURE DE LA VIGNE.

PLANCHE Iere.

Plant & plantations de la vigne.

Fig. 1. GRos fep de vigne en efpalier.
2. & 3. Plan de crocette ou de bouture.
a, Fig. 2. *b, fig.* 3. crocette ou bouture.
4. Deux brins de plant en racine *a b,* difpofés comme ils doivent l'être dans la bovette.

Fig. 5. Plan de marcotte. *a,* brin paffé par le panier *b.*
6. Autre plan de marcotte. *a,* brin paffé à-travers une piece de gafon *b* percée.
7. Plantation de vigne diftribuée par planches.
8. Maniere dont la vigne veut être plantée.
9. Plan piqué droit, à ravaler ou provigner.
10. Vigne attachée à l'arbre ou faule.
11. Vigne moyenne.
12. Vigne baffe.
13. Vigne dont on a déchauffé les racines pour en connoître l'âge.

PLANCHE II.

Suite de la Planche précédente, & outils.

Fig. 14. Houe à deux branches.
15. Houe fimple.
16. Sarcle, ou hoyau plat.
17. Bêche.
18. Hoyau.
19. Raclette.
20. Crochets.
21. Maille.
22. Tarriere.
23. Serpette.
24. Pioche de Bourgogne.
25. Maniere de déchauffer la vigne.
26. Choix du plant.
27. Maniere de greffer.
28. Greffe en tronc.
29. 30. & 31. Différentes manieres de lier la vigne à l'échalat.
32. De l'expofition de la vigne.
33. & 34. Différentes manieres d'entaffer les échalats, après qu'on a déchalaffé ; foit en mort (*fig.* 33.) ou fur des échalats fichés en terre en croix de faint André, en formant des chevalets, *fig.* 34.
35. Outil à écrafer les limaçons.

PRESSOIRS.

PLANCHE Iere.

Fig. 1. PReffoir à cage. H K, arbre. P Q, jumelles. X Y, fauffes jumelles. Z, chapeau des fauffes jumelles. N O, chapeau des jumelles. R S, faux chantier. T, le fouillard fur lequel les fauffes jumelles font affemblées. *f f,* contrevents des fauffes jumelles. *d,* autres contrevents des fauffes jumelles V, patin de ces contrevents. *m m,* chantiers. *g, h, i, k,* la maye. *p,* beton. 3, clés des fauffes jumelles. 4, mortoife de la jumelle. L M, moifes fupérieures des jumelles. *a b,* contrevents des jumelles & des fauffes jumelles. E, la roue. F F, la vis. G, l'écrou. C D, moifes de la cage. A B, foffe de la cage. W, barlong qui reçoit le vin au fortir du preffoir.

2. Preffoir appellé étiquet. A B, vis. 2, 3, 4, la roue. C D, écrou. 5, 5 ; 6, 6 ; 7, 7 ; clés qui affemblent les moifes ou chapeaux. 8, 8, liens. G H E F, jumelles. K L, mouton. *g k,* la maie. Q M, R N, O P, chantiers. *k l,* faux chantiers. W, barlong. S, marc. T T, planches. I I, *a b,* garniture qui fert à la preffion. V X, arbre ou tour. Y, roue. Z 2, la corde.

PLANCHE II. double.

Preffoir à double coffre. Elévation perfpective du preffoir.

P P, chantier. L L, faux chantier. 8, 8 ; 9, 9 ; 13, 13, &c. jumelles. *k, k, k,* contrevents. *m n,* chapeaux des jumelles. 10, 10, &c. autres chapeaux ou chapeaux du befroi. 12, 12, traverfes. *t s,* chaîne. *q,* mulet. 14, 14, &c. flafques. *y, y, y, y,* pieces de maie. *z,* coins. *p, p, p,* pieces de bois appuis du doffier. *x, x, x, x, x,* chevrons. *u u,* écrous. A B, grande roue. E, roue moyenne. G, petite roue. D E, pignon de la moyenne roue. F G, pignon de la petite roue. H K, pignon de la manivelle. M, bouquets ou piédeftaux de pierre. X. maffe de fer. I. grapin. II. pelle. III. pioche. IV. & V. battes. R, Q, barlongs. V, foufflet. S, T, tuyau de fer blanc. T, entonnoir. V Y, grand barlong. Y Z, tuyau de fer blanc. *a, b, c, d,* 1, 2, 3, 4, 5, 6, tonneaux. *g, g, f, f, h,* chantier. *e, e,* chevalets qui foutiennent le tuyau de fer blanc.

PLANCHE III.

Fig. 1. Plan & profil de l'un des coffres du preſſoir. P P, chantier. *r r*, brebis. *y*, doſſier. *q*, le mulet. *y*, *y*, *y*, *y*, pieces de maie. Z, coins. D, mouton. E E, coins ou pouſleculs. *u u*, écrou. C D, vis. A B, grande roue.

2. Coupe ſuivant la longueur d'un des coffres du preſ-ſoir. L L, faux chantier. 13, 13, jumelles. *t s*, chaînes. *y*, doſſier. *r r*, brebis. q, le mulet. 1, 2, 3, 4, 5, 6, 7, 8, 9, pieces de maie. Z, coins. D, mouton. E E, coins ou pouſleculs. *p*, *p*, *p*, appuis du doſſier. 10, mouleau. G G, planches à cou-teaux. *x*, *x*, *x*, *x*, chevrons. *u u*, écrou. C D, vis. A B, grande roue. M, bouquets ou piés-deſ-taux de pierre. F, le marc.

PRESSOIR A CIDRE.
PLANCHE Iere.

Fig. 1. V Ue perſpective & plan du preſſoir.
La vignette repréſente l'endroit où le preſſoir & la pile ſont établis. A B, la brebis. C D, le mouton. 5, 6, 7, 8, 9, les jumelles. 4, 4, *e*, *e*, contrevens. Y, Z, 2, 12, entretoiſes. *a*, *b*, chapeau. K X, les clés. *g*, la vis. E, le barlong. F, marc empilé ſur la maie ou l'emoy. G, la maie ou l'emoy. 10, 10, pieces qui ſupportent les pieces de maie. 11, pie-ces qui ſoûtiennent les couches. H, le hec. R S Q, auge circulaire de la pile. Q, le rabot. T L V, caſes ou ſéparations à différentes ſortes de pom-mes. M, la meule. L N, axe de la meule. N, pa-lonnier. V P, conducteur du cheval ou guide.

2. Plan du preſſoir & de la pile. Les mêmes lettres déſignent les mêmes parties.

PLANCHE II.

Fig. 3. Profil & détail du preſſoir à cidre. Elévation géo-métrale du preſſoir vû de face. Les mêmes lettres déſignent auſſi les mêmes parties
4. Elévation des jumelles qui embraſſent le gros bout du mouton & de la brebis.
5. Elévation des deux jumelles qui ſont placées vers le milieu du mouton & de la brebis, & qui ſervent à relever le mouton.
6. Partie inférieure de la vis qui entre dans la brebis.
7. Plan & profil d'une des clés.

INDIGOTERIE ET MANIOC.

L E haut de la Planche ou la vignette repréſente la vûe d'une indigoterie. A, reſervoir d'eau claire. B, la trempoire. C, la batterie. D, le repoſoir qu'on nomme auſſi diablotin. E E, robinets d'où la tein-ture d'une cuve paſſe dans la cuve qui eſt au-deſ-ſous. E F, trous que l'on débouche ſucceſſivement, pour vuider l'eau claire de la batterie, lorſque la fécule bleue s'eſt précipitée au fond. G, indigot dont on a rempli des ſacs de toile en forme de chauſſes pour le faire égoutter. H, hangard ouvert & à claire voie ſous lequel on met l'indigot dans des caiſſons, pour achever de le faire ſécher à l'om-bre. I, negre qui porte la plante dans la trempoire. K K, negres qui agitent continuellement la teinture de la batterie avec des ſeaux percés & attachés à de longues perches. L, plantes d'indigot. M, maiſon du maître de l'habitation. N, campagne ſemée d'indigot.

Fig. 1. o, o, caiſſons de bois élevés ſur des treteaux, ſervans à faire ſécher l'indigot à l'ombre ſous le hangard de la vignette.
2. P, couteau courbé en forme de ſerpette, pour cou-per l'indigot ſur pié.
3. Q, taſſe d'argent bien polie, ſervant à examiner la formation du grain dans la teinture de la batterie.
4. Preſſe à manioc. A, tronc d'arbre percé en-travers. B, branche fourchue diſpoſée en bras de levier &

chargée de groſſes pierres. C, ſacs d'écorce d'arbre remplis de la rapure du manioc. D, bouts de planche ſervant à preſſer les ſacs également. E, couy ou coupe de calebaſſe recevant le ſuc du manioc dont on fait la mouchoche.
Fig. 5. Maniere d'exprimer le ſuc du manioc à la façon des Caraïbes G, couleuvre ou eſpece de panier d'un tiſſu lâche & flexible, rempli de rapure de ma-nioc H, poids attaché au bas de la couleuvre qui la contraint de s'allonger en diminuant ſa groſſeur; ce qui ſuffit pour exprimer le ſuc de la rapure.

SUCRERIE ET AFFINAGE
des Sucres..

PLANCHE Iere.

L A vignette repréſente la vûe d'une habitation. 1, mai-ſon du maître & ſes dépendances. 2, 2, 2, partie des caſes à negres formant une ou pluſieurs rues, ſuivant le nombre & l'emplacement. 3, 3, 3, par-tie de ſavane ou pâturage. 4, 4, liſiere ou forte haie qui ſépare la ſavane des plantations de can-nes. 5, 5, 5, partie de pieces plantées en cannes à ſucre à mi-côte & en plat-pays. 6, moulin à eau. 7, ſucrerie avec ſa cheminée, & ſon hangard pour les fourneaux. 8, gouttiere qui conduit l'eau du canal ſur la roue du moulin. 9, décharge de l'eau du moulin. 10, une des caſes à bagaſſes ou cannes écraſées. 11, purgerie ou grand magaſin ſervant à mettre les ſucres quand ils ſont en forme, pour les purger de leur ſyrop ſuperflu & les terrer. 12, étuve pour faire ſécher les pains de ſucre. 13, hau-teurs entre leſquels ſont les plantations de manioc, les bananiers & l'habitation à vivre. 14, morne: c'eſt ainſi qu'on nomme aux Antilles les monta-gnes qui paroiſſent détachées des autres.

Fig. 1. Coupe verticale d'une étuve à mettre ſécher les pains de ſucre terrés. A, comble de l'étuve. B, murs de l'étuve. C, porte. D, coffre de fer ſervant de fourneau. E, bouches du foyer & du cendrier. F, rayons ou tablettes en grillage, ſur leſquelles on range les pains de ſucre. G, plancher couvert de cinq à ſix pouces de maçonnerie. H, trape que l'on ouvre pour laiſſer aller l'humidité qui s'éleve des pains de ſucre, & qui s'échappe au-dehors par les conduits i, i, pratiqués ſous le larmier.
2. K, canne à ſucre. L, feuille dentelée ſur les bords. M, fleche ou fleur de la canne portant la graine. N, partie inférieure de la canne avec ſa racine.
3. O, ſerpe pour ſarcler & couper les cannes.
4. P, houe à fouiller la terre.
5. Q, pelle de fer pour le même uſage & ramaſſer le ſucre pilé dans le canot.
6. R, pince de fer ſervant de levier.
7. S, canot avec ſes pilons, pour mêler le ſucre en poudre, & le fouler dans les futailles.

PLANCHE II.
Deux moulins, dont un à eau.

Fig. 1. Moulin mû par des animaux. A A, chaſſis de charpente très-ſolide. B B, table du moulin, com-munément faite d'un ſeul bloc creuſé & revêtu de plomb. C, C, C, trois roles couverts chacun d'un tambour ou cylindre de métal, & traverſés d'un axe de fer coulé, dont l'extrémité inférieure eſt garnie d'un pivot portant ſur une crapaudine. D, D, D, D, ouvertures faites à la table pour pouvoir changer & réparer les pivots & les crapaudines. E, E, en-tailles aux deux ouvertures des côtés, ſervant à chaſſer des coins de bois, pour ſerrer & rappro-cher les tambours. F, F, autres ouvertures ſur les moiſes, avec des coins pour ſerrer les pivots ſupé-rieurs. G G, hériſſons dont les roles ſont couron-nés, & qui engrenant les uns dans les autres, font tourner les tambours en ſens contraires. H, axe ou arbre prolongé du principal role. I, demoiſelle, piece de bois dans laquelle eft un collet au-travers duquel paffe le pivot fupérieur de l'arbre. K, K, bras du moulin, auxquels la force mouvante eft appliquée. L, L, charpente & enrayure du comble. M, rigole couverte qui conduit le fuc des cannes écrafées, dans la fucrerie.

Fig. 2. Moulin mû par une chute d'eau. A, A, chaffis de chapente très-folide. B, table un peu creufée en deffus, & revêtue de plomb comme au moulin précédent. C, C, C, les trois roles couverts de leurs tambours de métal, & garnis de leurs hériffons, pivots & crapaudines. D, arbre vertical dont l'extrémité fupérieure paffe au travers d'un collet encaftré dans la demoifelle que doivent porter les pieux de bois E E. F, rouet tournant horifontalement. G, rouet, au lieu duquel on peut fuppofer une alterne, dont les dents ou les fufeaux s'engrainent dans celles du grand rouet horifontal. H, grand arbre horifontal ou axe de la grande roue. I I, la grande roue à pots ou à godets recevant l'eau du canal par la gouttiere K. L, petite rigole de bois, qui conduit le fuc des cannes écrafées dans la fucreric. M, négreffe qui paffe des cannes au moulin. N, bagaffes ou cannes écrafées qu'une autre négreffe fait repaffer de l'autre côté du moulin. O, palant ou corde pour enlever l'arbre, lorfqu'il y a quelques réparations à faire.

P L A N C H E III.

Plan des ferfes ou emplacement des chaudieres. Noms des chaudieres.

A, la grande B, la propre. C, le flambeau. D, le fyrop. E, la batterie.

Détail du profil.

I, I, I, maffif de maçonnerie très-folide. 2, 2, 2, piés droits qui forment la féparation des fourneaux. 3, 3, 3, ferfes dans lefquelles les chaudieres font encaftrées. 4, fourneau principal où on allume le feu. 5, 5, 5, canal, le long duquel la flamme paffe fous les chaudieres, & s'échappe par le tuyau de la cheminée. 6, 7, place du bac ou canot, qui reçoit le réfou ou fuc de cannes venant du moulin. 8, grande écumoire de cuivre. 9, grande cuilliere de cuivre. 10, truelle à terrer les pains de fucre. 11, forme à fucre, débouchée & placée dans un pot, pour que le fyrop fuperflu au pain de fucre, s'écoule. 12, autre forme à fucre fur le bloc, pour en tirer le pain. 13, grande chaudiere à fucre, faite de cuivre ou de fer fondu. 14, vaiffeau de cuivre nommé bec de corbin, fervant à verfer le fyrop dans les formes. 15, caiffe de bois grillée par le fond, & percée de plufieurs trous, fervant à foutenir un blanchet ou drap de laine blanche, au-travers duquel on paffe le réfou ou fuc des cannes. 16, grande chaudiere de cuivre à plufieurs pieces, fervant à diftiller le tafia ou l'eau-de-vie des cannes. 17, chapiteau de cuivre avec fon bec. 18, couleuvre d'étain foutenue par des barres de fer; elle fe met dans un grand tonneau plein d'eau froide qui rafraîchit la liqueur diftillée qui circule dans fes différentes circonvolutions.

P L A N C H E IV.

La vignette repréfente l'intérieur d'une fucrerie. A, glacis en briques & carreaux, plus élevés que les chaudieres. B, bac qui reçoit le fuc de la canne venant du moulin. C, C, C, C, C, cinq chaudieres. D, D, D, D, chaffis fait de fortes tringles de bois, fur lefquelles on pofe les écumoires & les cuillieres à la portée des ouvriers. E, negre qui écume la grande chaudiere. F, autre negre qui obferve le bouillon des chaudieres. G, autre negre qui, après avoir brifé la croûte qui s'eft formée à la furface du fyrop contenu dans les formes, remue la matiere, afin que les grumeaux ne s'attachent pas aux côtés du vafe, & qu'ils fe puiffent difperfer également. H, vieille chaudiere dans laquelle eft une leffive dont on fe fert pour épurer le réfou. I, baille aux écumes, ou baquet où on les jette. K, caiffe à paffer le

réfou. L, bec de corbin. M, formes à fucre bouchées par la pointe & pleines du fyrop de la batterie, après qu'il a été refroidi dans le vaiffeau appellé le rafraîchiffoir. N, plancher fur lequel eft un citerneau où l'on jette les écumes & ce qui fe répand du fyrop, afin d'en faire le tafia.

Bas de la Planche.

A, partie du moulin ou gouttiere qui conduit le fuc de canne dans la fucrerie. B, B, paffage & place des ouvriers. C, C, emplacement pour ranger les formes, avant de les porter dans la purgerie. D, le bac qui reçoit le réfou ou le fuc des cannes. E, E, E, E, E, les cinq chaudieres. F F, glacis. G, fenêtre qui éclaire principalement la batterie. H, bouche du foyer fous la batterie. I, I, I, I, évents des autres fourneaux qu'on a foin de boucher exactement, lorfque le feu eft au foyer. K, tuyau de la cheminée. L, appentis, efpece de grand auvent, foutenu par des piliers pour couvrir les fourneaux & le negre qui entretient le feu fous la batterie. M, rampe & efcalier pour defcendre fous l'appentis.

P L A N C H E V.

La vignette repréfente le principal attelier d'une affinerie. 6, 7, chaudieres à clarifier. 8, chaudiere à cuivre, toutes trois montées fur leurs fourneaux. 9, 10, chaudieres à clair. 5, pompe qui fournit l'eau du bac à chaux dans les chaudieres à clarifier.

Fig. 2. A, manége placé au rez-de-chauffée d'un des pavillons, pour tirer de l'eau du puits B. C, le réfervoir général qui diftribue par des tuyaux fouterreins l'eau dans tous les endroits où elle eft néceffaire. D, falles où font les bacs à terre. E, paffage pour aller dans le magafin F; il y a auffi un efcalier pour monter aux étages fupérieurs qu'on appelle greniers. F, magafin où on défonce les bariques de fucre brut que l'on diftribue par fortes dans les bacs ou bails 1, 2, 3, 4. G, bac à chaux conftruit en ciment ou avec un corroi de terre glaife. H K, l'attelier que la vignette repréfente. L, attelier appelé l'empli. 13 & 14, chaudieres de l'empli, où on porte les fyrops après leur cuiffon. 15, formes rangées fur trois rangs près les murs de cette falle, & la pointe en bas. Le trou qui eft à cette pointe, eft bouché par un petit tampon de linge. M, chambre à vergeoife, au-deffus de laquelle, auffi-bien qu'au-deffus des autres bâtimens, font les greniers difpofés de la même maniere que cette chambre. N, fon poële ou étuve. P, pavillon dans lequel font les magafins des fucs affinés. R, grande étuve pour les fucs affinés, où on les fait fécher après qu'ils font fortis des formes. 11, réduit pour placer le charbon de terre dont on fe fert pour chauffer le poële de cette étuve. 12, autre réduit où on dépofe dans des tonneaux à gueule bée les écumes que l'on enleve de la chaudiere à cuire.

Fig. 3. Coupe du bâtiment par le milieu du pavillon qui contient l'attelier à clarifier & à cuire, & auffi la grande étuve. K, porte de communication de l'attelier des chaudieres à la falle de l'empli. 7. une des chaudieres à clarifier montée fur fon fourneau. On voit au-deffous de la grille un fouterrein qui communique à la cave qui eft au-deffous de l'étuve R; il fert de cendrier & d'évent. 10, une des chaudieres à clair.

P L A N C H E VI.

Vûe perfpective de l'intérieur de la chambre à vergeoife ou d'un des greniers qui font au-deffus.

Fig. 1. Ouvrier qui, après avoir débouché le trou d'une forme bâtarde qui eft pofée fens-deffus-deffous fur une fellette appellée canaple, enfonce dans le fyrop figé une broche de fer qu'on appelle prime, pour faciliter l'écoulement de la partie du fyrop qui ne cryftallife pas dans les pots fur lefquels il redreffe ces formes devant lui, comme on voit.

Fig.

Fig. 2. Poîle ou étuve pour entretenir dans cette chambre ou grenier un certain degré de chaleur. Il est composé d'une mâçonnerie de brique, & d'une caisse de fer fondu formant trois côtés & le dessus d'un parallelipipede rectangle.
3. Plan du poîle.
4. Coupe du poîle.
5. Elévation du poîle du côté de la porte & du cendrier ; on y brûle du charbon de terre.
6. Forme bâtarde, dont la pointe va en arrondissant.
7. Pot de forme bâtarde, ayant cinq pieds pour être posé à terre.
8. Forme pour mouler les pains de sucre pesant deux livres.
9. Pot pour laisser égouter cette forme.
10. Bassin à cuitte, dont on se sert pour remplir les formes dans la salle de l'empli, & autres transports des syrops d'une chaudiere dans une autre, &c.

PLANCHE VII.

Cette Planche représente la grande étuve où l'on met sécher les pains de sucre, après qu'ils sont sortis des formes. On y voit la coupe du poîle de cette étuve où l'on met le feu par le dehors du bâtiment ; & celle des souterreins qui servent de cendriers & d'évents pour le poîle & les fourneaux des chaudieres. Cette figure est relative à la figure 3. de la Planche V.

TRAVAIL DES SABOTS, Echalats, &c.

LA vignette représente une cabane de ces sortes d'ouvriers ; elle est construite comme le toît d'une glaciere, & ouverte au sommet A, pour servir de fenêtre & de cheminée. Le comble B B, qui est couvert de paille, est supporté dans son milieu par quatre perches C C C C. On fait du feu en D dans le milieu de la cabane.
Fig. 1. Ouvrier qui ébauche un sabot avec la cognée.
2. Ouvrier qui perce la place du pied avec la tariere, *fig.* 6.
3. Ouvrier qui fait la place du talon avec la cuilliere, *fig.* 7. ou 9. ou 10.
4. Ouvrier qui pare les sabots, après que le dedans est achevé ; il se sert du paroir, *fig.* 16.
5. Ouvrier qui fend des échalas ou de la latte avec le coûtre, *fig.* 18. Les pieces de bois qu'il veut fendre, sont entre les deux fourches du fendoir, qui est une fourche de deux branches d'arbres assujetties horisontalement à la hauteur de deux pieds & demi, lesquelles lui servent d'établi. On voit à côté de lui deux x ou chevalets, sur lesquels il place les échalas à mesure qu'ils sont fendus, pour les mettre en botte.
6. La tariere, *fig.* 6. n. 2. Extrémité inférieure de la tariere représentée sur une échelle quadruple.
7. La grande cuilliere de deux pouces de large.
8. Extrémité inférieure de la grande cuilliere, représentée en élévation, profil & plan sur une échelle quadruple.
9. Cuilliere de 18 lignes de large.
10. Cuilliere de 12 lignes de large.
11. Cognée ou hache des sabotiers, vûe de deux sens différens.
12. Rouanne vûe en face & en profil.
13. Calle & coin de bois pour serrer & affermir les sabots non évuidés dans l'encoche.
14. L'encoche ou établi des sabotiers.
15. Maillet qu'on appelle renard, servant à chasser le coin 13 entre deux sabots, pour les faire tenir dans l'encoche.
16. Paroir sur son banc.
17. Essette dont on se sert pour ébaucher au plus près les sabots, après qu'on s'est servi de la hache, *fig.* 11.
18. Le coûtre pour travailler le bois de fente, comme échalats, lattes, éclisses, &c.

Tome I.

CHARBON DE BOIS.

PLANCHE Iere.

Le haut de la Planche, constructions différentes de fourneaux à charbon.

Premiere construction.

Fig. A. CHarbonnier qui trace au cordeau l'aire de la charbonniere.
B. Ouvrier qui applanit l'aire de la charbonniere avec la pelle, après avoir planté au centre une buche fendue en quatre par sa partie supérieure, & aiguisée par l'autre bout, pour commencer la cheminée.
C. Charbonnier qui applanit l'aire au rateau.
D. Aire applanie, où l'on voit au centre la buche fendue avec les bâtons qui se croisent dans les fentes, ce en quoi consiste la premiere façon de l'arrangement du bois, & de la formation de la cheminée.
E. Charbonnier qui a formé son premier plancher, & qui en arrête les buches par des chevilles.
F. Charbonnier qui répand sur ce plancher du menu bois appellé bois de chemise. On voit, même figure, la formation du premier étage du fourneau.
G. Le premier étage plus avancé, avec le commencement du second.
H. Charbonnier qui apporte le bois à la brouette.
Tous les autres étages qui vont en diminuant, à mesure qu'ils s'élevent, & qui forment une espece de cône, se construisent de la même maniere.

Deuxieme construction d'un fourneau.

Fig. 1. Après avoir tracé & applani l'aire, comme il a été dit à la premiere construction, au lieu de la buche fendue en quatre, on plante au centre une longue perche *c e*, contre laquelle on dresse les buches dont le premier étage sera construit. Cette perche formera la cheminée.
2. Fourneau de cette construction, dont tous les étages *f, g, h, i*, sont formés. L'ouvrier qu'on voit au pié de ce fourneau, bêche la terre, fait un chemin, & prépare de quoi le couvrir, soit avec de la terre, soit avec du frasin, s'il en a déja. *k*, extrémité d'une autre perche qui va de la circonférence du fourneau jusqu'au centre, & qui ménage le passage qui servira à allumer le fourneau.
3. *Fig.* qui peut également appartenir aux deux constructions, & qui en montre la derniere façon, qui consiste à former la chemise du fourneau. Le fourneau est tout couvert de sa chemise, excepté à sa partie inférieure, où on laisse une bande ou lisiere sans chemise, pour donner lieu à l'action de l'air.

Troisieme construction.

Fourneau pyramidal & recouvert de gazon, dont on voit la coupe verticale au bas de la Planche Iere. *fig.* N, & le plan, *Pl. II. fig.* O.

Le bas de la Planche.

Fig. L. Coupe verticale par le centre d'un fourneau de la premiere construction.
M. Coupe verticale par le centre d'un fourneau de la seconde construction.
N. Coupe verticale par le centre d'un fourneau de la troisieme construction.

PLANCHE II.

Le haut de la Planche représente les fourneaux en feu, ou la cuisson du charbon.

Fig. 4. Ouvrier qui met le feu à un fourneau de la premiere construction par le haut ; car au fourneau de la seconde construction, le feu se met par le bas où l'on a pratiqué un passage, comme on voit en *k*, *Pl. I. fig.* 2.

D

5. Fourneau en feu.

6. Fourneau percé de vents. On voit un ouvrier qui lui donne de l'air.

7. & 8. Ouvriers qui poliſſent & rafraîchiſſent un fourneau plus avancé.

9. Ouvrier qui prépare du bois.

10. Bois coupé en tas.

11. Fourneau éteint.

On appelle tue-vents ou briſe-vents, les claies qu'on voit autour des fourneaux en feu, *fig.* 4, 5, 6.

Le bas de la Planche.

Fig. O. Plan d'un fourneau de la troiſieme conſtruction.

P. Plan d'un fourneau de la même conſtruction, mais de forme ronde.

Q. Elévation perſpective d'un fourneau de la troiſieme conſtruction.

R. Le traçoir.

S. Panier à charbon.

PLANCHE III.
Outils.

Fig. 1. Serpe.	6. Faulx.
2. Hoyau ou pioche.	7. Rabot.
3. Pelle. F, le manche.	8. Tariere.
4. Herque ou rateau de fer C D.	9. Crochet G.
5. Coignée.	10. La voiture à charbon.
	11. La brouette.

Nota. On a rapporté dans le diſcours ces figures aux Planches des groſſes forges.

FOUR A CHAUX.

Fig. 1. **V**Ue d'un four à chaux en dehors & par un de ſes angles.

2. Vûe du four à chaux en dehors & de face.

3. & 4. Deux coupes horiſontales du four à chaux : l'une priſe à la hauteur de l'âtre ; & l'autre, ſur l'ouverture ſupérieure du four.

5. Coupe verticale du four par le milieu de ſa gueule, où l'on voit la forme intérieure du four, la diſpoſition des pierres calcaires, la maniere de chauffer le four, avec un ouvrier qui travaille.

Nota. On trouvera dans les Planches VII. & VIII. de la Maçonnerie (article ARCHITECTURE) *d'autres détails du four à chaux.*

JARDINAGE.
PLANCHE Iere.
Outils de jardinage.

Fig. 1. **B**Atte à main.	*Fig.* 9. Rabot.
2. Batte à bras.	10. Pelle.
3. Greffoir.	11. Pioche à pré.
4. Houlette.	12. Pioche plate.
5. Bêche.	13. Cylindre ou rouleau.
6. Rateau.	14. Chariot.
7. Ratiſſoir à tirer.	15. Tombereau.
8. Ratiſſoir à pouſſer.	16. Echelle double.

PLANCHE II.

Fig. 17. Ciſeaux.	*Fig.* 28. Crible.
18. Coignée à main.	29. Echenilloir.
19. Civiere.	30. Crible d'oſier.
20. *a, b,* Plantoir.	31. Claie.
21. Tenaille.	32. Traçoir.
22. Cordeau.	33. Déplantoir.
23. Arroſoirs. *c,* arroſoir à goulot. *d,* arroſoir à tête.	34. Serfouette ou binette.
	35. Autre déplantoir.
	36. Brouette.
24. Fourche.	37. Scie à main.
25. Croiſſant.	38. Serpe.
26. Faulx.	39. Serpette.
27. Faucille.	

PLANCHE III.
Parterre mêlé de broderie & de gazon.

PLANCHE IV.
Autres parterres mêlés de broderie & gazon.

Fig. 1. Celui des Tuileries.
2. Celui du jardin de l'Infante.

PLANCHE V.
Boulingrin pratiqué au milieu d'un boſquet.

PLANCHE VI.
Boſquet avec une piece d'eau.

PLANCHE VII.
Machine pour arracher de gros arbres & les ſouches avec leurs racines, inventée par Pierre Sommer du canton de Berne.

Fig. 1. Profil de cette machine. A C, deux montans de bois de chêne dont on ne voit qu'un ſeul dans la figure. Ils ont trois à quatre pouces d'épaiſſeur, & ſont aſſemblés en A & en C par deux entretoiſes, & fortifiés par des frettes de fer. L'intervalle d'un montant à l'autre eſt de trois pouces ; ils ſont chacun percés de deux rangées de trous d'un pouce & demi de diametre, qui ſe répondent les uns aux autres, pour recevoir des chevilles ou boulons de fer d'un pouce & un quart de diametre qui ſervent alternativement de point d'appui ou de centre de mouvement au levier de cette machine. B D, piece de bois d'orme ou de frêne à laquelle on a donné le nom de bélier. Son extrémité ſupérieure eſt armée d'une forte piece de fer *f,* partagée en trois dents pour avoir priſe ſur l'arbre. Le bélier qui, à ſa partie ſupérieure, a environ ſix pouces d'équarriſſage, & à ſa partie inférieure huit, eſt fendu obliquement en cette partie, pour laiſſer paſſer la chaîne C *g h,* & recevoir la poulie *c,* qui a quatre pouces d'épaiſſeur & neuf pouces de diametre. L'extrémité inférieure B eſt garnie d'une frette, ainſi que le corps du bélier, en *a, b, f* : à l'extrémité inférieure ſont deux pieces de fer K L, fixées ſur le bélier, & dont les deux parties L traverſées par un boulon, embraſſent les deux montans le long deſquels ces pieces de fer peuvent gliſſer lorſqu'on éleve le bélier par le moyen du levier & de la chaîne. La chaîne eſt d'environ dix piés de longueur, & les chaînons de quatre pouces dix lignes. Elle eſt attachée fixement à la partie ſupérieure C, des montans entre leſquels eſt placée ſa partie inférieure *h,* terminée après avoir embraſſé la poulie, par un anneau à oreille *m n* (*fig.* 3.) Cet anneau eſt ſaiſi par le crochet P repréſenté en profil, *fig.* 2. où F eſt la partie inférieure du crochet. *z* D E *e,* un levier & un arc de fer ; ce levier a en *z* environ deux pouces d'épaiſſeur ; il eſt formé en mouſle pour recevoir l'extrémité ſupérieure du crochet *z* F, qui eſt mobile ſur un boulon dans cette mouſle. Il diminue d'épaiſſeur & de largeur à meſure qu'il approche de l'arc E *e,* qui n'a que ſix lignes d'épaiſſeur, & qui eſt percé de pluſieurs trous. Auprès du boulon *z* ſont deux entailles ſemi-circulaires *x, y,* dont les centres indiqués par des lignes ponctuées ſont autant éloignés l'un de l'autre, que les centres des trous pratiqués dans les montans A C de la *fig.* 1. ce ſont ces entailles *x y,* qui repoſent alternativement ſur les chevilles que l'on place dans les trous montans, lorſqu'on fait uſage de cette machine.

2. L'arc E *e* & le trou D ſervent à fixer le long levier de bois D E, *fig.* 1. par deux chevilles ou boulons de fer. Celui marqué D ſert de centre de mouvement. L'arc *e* lui eſt concentrique ; & au moyen d'une autre cheville *d* qui traverſe le levier & paſſe dans un des trous de l'arc, on parvient à fixer ces deux pieces l'une ſur l'autre, & de maniere que l'autre extrémité E du levier D E ſoit à portée des

ouvriers qui doivent manœuvrer. A l'extrémité E on adapte aussi un manche E H, par le moyen duquel on éleve ou on abaisse l'extrémité E du levier.

Jeu de cette machine.

On la suppose toute montée & mise en place, le trident *f* piqué sous une des branches de l'arbre que l'on veut renverser, & l'extrémité inférieure A des montans bien calée & affermie par des tasseaux ou piquets G. En cet état, & supposant encore que les entailles *x y* (*fig.* 2.) reposent sur les deux chevilles de fer qui sont passées dans les trous des montans, si on abaisse l'extrémité E du levier, la cheville de la rangée extérieure sur laquelle repose l'entaille *x* deviendra le centre de mouvement, & le point *z* en s'élevant tirera le crochet F, & par conséquent la chaîne qu'il retient; ce qui élevera le bélier d'une quantité égale à la moitié de l'espace que le point *z* aura parcouru. L'entaille *y* ne reposant plus sur la cheville de la rangée intérieure, un ouvrier tirera cette cheville & la replacera dans le trou de la même rangée immédiatement au-dessus de celui d'où elle est sortie. On laissera alors reposer le levier sur les deux chevilles, ensuite on élevera l'extrémité E du levier par le moyen du manche E H, & ce sera alors la cheville *y* de la rangée intérieure qui deviendra le centre de mouvement. L'entaille *x* s'éloignant de la cheville de même nom, on retirera cette cheville pour la placer dans le trou qui est immédiatement au-dessus. Ainsi les deux chevilles deviennent alternativement le point d'appui du levier qui est du premier genre, lorsqu'on abaisse le point E, & du second lorsqu'on l'éleve. Ce levier a beaucoup d'affinité avec celui connu sous le nom de la guaroufle.

Fig. 3. *m n*, anneau à oreilles cité *fig.* 2. qui sert à prendre le crochet P.

4 Autre application de la même machine. Pour arracher, par exemple, des souches, on ne se sert pas du bélier; on place les montans A A perpendiculairement & le plus près de la souche que l'on peut. On passe la chaîne autour de la poulie *c* qui est enclavée dans une moufle *d*. On attache à cette moufle une autre chaîne *b* que l'on fait passer sous une des maîtresses racines *e* de la souche, & opérant comme il a été dit ci-dessus, on parvient à l'enlever & à vaincre la résistance des racines.

5. Elévation d'une pompe proposée pour arroser les plantations dans l'île de Saint-Domingue, par M. Puisieux, architecte. A, rouet horisontal qui engraine dans la lanterne B. CD, manivelle à deux coudes qui fait agir alternativement les pistons dans les corps de pompes. E, F, corps de pompes. G, tuyau d'aspiration qui est de cuir bouilli, à l'extrémité duquel on attache un morceau de liége. Par ce moyen la pompe n'aspire que l'eau la plus claire & à telle distance que l'on juge à propos. H, tuyau de sortie.

JARDIN POTAGER.

PLANCHE Iere.

LA vignette représente un jardin. A, a, partie de jardin coupé de murs servans à soutenir des espaliers. B B, ados, ou couches inclinées couvertes de cloches. C C, couches. D D, couches sourdes. E, planches. F, palis ou perchis. G, plant d'arbres fruitiers en quinconce. H, plants d'arbres fruitiers en échiquier. K, pepiniere d'arbres. L, bâtardieres. M, planches abritées par des brise-vents. N, ados entouré de murs. O, P, Q, R, S, T, V, X, Y, planches pour différens légumes. Z, meloniere.
Fig. 1. Cloche de verre.
2. Cloche de paille.
3. Cloche de verre à panneaux.
4. Planche à dresser le terreau sur le fumier, aux ados & aux couches.

PLANCHE II. double.

Serres chaudes.

Fig. 1. Elévation géométrale de la serre chaude de Trianon.
2. Plan de cette serre.
3. Coupe par une des antichambres E, où l'on voit la fontaine N dans sa niche.
4. Coupe en travers de la serre.
5. Coupe en travers de la chambre D du fourneau.

Explication du plan.

B D, la serre. N Q, les fontaines posées au-dessus des fourneaux. Q, X, Y, Z, &, la cheminée qui regne sous le rez-de-chaussée le long de la ligne *k k* de l'élevation, & comme on voit dans le profil en P (*fig.* 3.). F, G, H, K, M, les fosses que l'on remplit de fumier & de terre. L, les planches disposées en théatre sur les barres de fer *a b*, sur lesquelles on arrange les pots qui contiennent les plantes, comme on voit *fig.* 4. T T, serres où l'on place les outils, &c.
3. P R S, suite de la cheminée. P R est la même partie que Z & dans la *fig.* 2.
4. *h k*, chassis de verre adossé contre le mur qui soutient la serre & forme avec ce mur & le terrein une serre triangulaire dont l'élevation se voit en *h k k h fig.* 1. *g*, fosse remplie de fumier où l'on place les pots. *k l m n*, profil des vitraux qui servent de clôture à la serre. *r b a s*, élevation d'une des barres de fer coudées qui soutiennent les planches en théatre sur lesquelles on arrange les pots. *r s*, fond de la fosse que l'on remplit de fumier, & dans lequel on place aussi des pots.
5. *e*, foyer. *d*, cendrier.

PLANCHE III.

Fig. 1. Vûe perspective de la serre hollandoise pour la vigne.
2. Coupe du mur postérieur de la serre, où l'on voit les deux fourneaux & les détours des deux cheminées qui se réunissent à une seule.
3. Plan de la serre.
4. Coupe transversale par la cheminée.
5. Elévation latérale d'un des côtés de la serre.
Tout ce bâtiment est construit en brique. Les vitraux doivent être exposés au midi.

PLANCHE IV.

Serre hollandoise pour élever différentes sortes de plantes. Cette serre differe de la précédente, en ce que les cheminées sont horisontales & pratiquées sous le sol de la serre.

Fig. 1. Représentation perspective de cette serre & de la serre tempérée qui lui est jointe du côté du nord. On voit par cette figure, que l'on recouvre extérieurement les chassis avec des rideaux & des couvertures qui sont roulées vers le haut de chaque fenêtre, & que l'on fait descendre sur les rideaux en relâchant les cordes qui les retiennent.
2. Plan des deux serres où l'on voit le plan du fourneau & des cheminées qui regnent sous la serre. Le fourneau placé dans une petite piece séparée, est construit en brique & est entouré d'un contre mur de maçonnerie qui laisse un pouce d'intervalle de tous côtés, que l'on remplit ensuite de sable. Les cheminées sont construites de même; leur partie supérieure est formée avec de grandes plaques de fer sur lesquelles on forme une aire qui est carrelée. Sur le carreau on répand environ deux pouces d'épaisseur de sable.
3. Est la coupe transversale de la serre dans laquelle on voit qu'il y a un vuide entre le plafond & la couverture. On remplit ce vuide avec du foin pour mieux défendre l'air intérieur du froid externe. On renouvelle l'air de la serre chaude avec celui de la serre tempérée qui lui est adossée.

PLANCHE V.

Serre chaude d'Upfal.

Elle eft expofée directement au midi, & placée entre l'orangerie & la ferre tempérée où on conferve les fleurs. Les pots qui les contiennent font rangés fur des gradins difpofés en amphithéatre. Sa longueur eft d'environ quarante piés, fa largeur d'environ vingt, & fa hauteur de quatorze ou environ. L'aune de Suede qui eft citée à notre échelle fur la Planche, eft environ deux piés de France.

Fig. 1. A, la foffe que l'on remplit de terreau & de fumier, &c. CC, deux fourneaux dont les ouvertures regardent le feptentrion, & dans lefquels on brûle du bois. FF, les tuyaux ou cheminées de ces fourneaux qui après avoir fait le tour de la ferre horifontalement, remontent en EE dans l'épaiffeur du mur feptentrional jufqu'au-deffus du toît. B, cheminée double que l'on allume ou par-dehors ou par-dedans la ferre, par dehors pour échauffer ce lieu, & par-dedans pour en chaffer les vapeurs humides. DD, théatres fur lefquels on range les pots.

2. Eft le plan de la ferre. *a g h, b g k,* les deux cheminées horifontales qui entourent la ferre. *a b,* les fourneaux. *d e f,* la foffe. *c,* la cheminée double. *m,* porte de communication avec l'orangerie. *l,* porte de communication avec la ferre tempérée. Ces deux pieces ont leur rez-de-chauffée environ un pié plus bas que la ferre chaude.

3. Repréfente le profil de la ferre & l'élévation du fond intérieur. A, fenêtres fupérieures. B, fenêtres inférieures. C, toît de la ferre. D, mur feptentrional. Æ, place occupée par les plantes rares & étrangeres. FDE, HDE, cheminées horifontales fur lefquelles on place les pots remplis de fleurs. G, théatre difpofé en gradins, fur lequel on arrange les différentes fortes de plantes contenues dans des pots. H, chemin pour aller ouvrir ou fermer les hautes fenêtres.

4. Repréfente quelle doit être l'inclinaifon des fenêtres d'une orangerie. A, fenêtre. B, la muraille. C, le toît. Le tout felon les regles que Boerhaave a prefcrites.

FONTAINIER.
PLANCHES I. & II. réunies.

Fig 1. P Oîle à tenir la foudure fondue.
2. Porte - foudure, ou couffin de coutil.
3. Compas.
4. Marteau.
5. Maillet plat.
6. Bourfaut.
7. Deux ferpettes ; *a,* une grande ; *b,* une petite.

Fig. 8. Grattoir.
9. Gouge.
10. Couteau.
11. Niveau.
12. *c. d, e,* différens fers à fouder.
13. *f, g,* attelles ou poignées.
14. Rape.
15. Cuilliere.

Fig. de la Planc. II. Niveau.
2. Nivellement en defcendant par un feul coup de niveau.
3. Nivellement en defcendant & remontant des deux côtés d'une vallée par plufieurs coups de niveau.

Suite de la PLANCHE II. & PLANCHE III. réunies.

Fig. 4. Maniere de tenir regiftre des différens coups de niveau en defcendant & en montant, & d'en trouver la différence. Cette figure eft relative à la précédente.
5. Nivellemens en defcendant pour trouver la hauteur d'une eau jailliffante.
Fig. 1. *de la Planc.* III. AB, conduite d'eau par des tuyau de grès. C, refervoir. EE, ligne de niveau. DD, ventre en gorge, & contre-refoulement.
2. Autre conduite d'eau.

Fig. 3. Jauge d'eau.
4. Quille.

PLANCHE IV.

Conftruction d'un baffin de glaife fablé & pavé.

Fig. 1. BB, contre-mur pour foutenir les terres du côté du baffin. EE, corroi de glaife. CC, mur de douve. DD, rouet de charpente fur lequel repofe le mur de douve. F, corroi de glaife qui forme le fond du baffin. GG, fond du baffin fablé, pavé. A, intérieur du baffin.
2. Conftruction d'un baffin de ciment. HH, maffif de pierre fervant en-dehors de contre-mur. K, maffif de ciment.
3. Conftruction d'un baffin de plomb. LL, MM, maffif de pierre fervant en-dehors de contre-mur. O, O, N, O, N, O, O, N, O, tables de plomb foudées.

Conftruction d'un baffin de terre franche.

4. AA, contre-mur. BB, mur de douve. CC, rouet de charpente pofé fur la maffe naturelle de terre franche. DD, corroi de terre franche. Le fond de ce baffin eft auffi fablé & pavé.

PLANCHE V.

Fig. 1, 2, 3, 4, 5, cinq différentes pieces d'eau.

MOUCHES A MIEL, RUCHES.

L A vignette repréfente à gauche le rucher où l'on voit des ruches de toute efpece.

Fig. 1, ruche d'Autriche faite de bois, comme la cage d'une maifon.
2. 2. 2. 2. Ruches d'ofier.
3. 3. Ruches de paille.
4. Ruche de bois.
5. Ruche vitrée.
6. Ruche d'écorce ou de tronc d'arbre creufé.

Fig. 7. Ruche dont le bas eft de terre, & le couvercle ou chapeau de paille.
8. Payfan qui fait paffer un effain d'une ruche dans une autre.
9. Payfans qui ramenent l'effain.
10, payfans qui ramaffent l'effain dans la ruche à bafcule. L'un tient la ruche à bafcule ; l'autre avec un crochet fecoue la branche à laquelle l'effain eft attaché.

Le bas de la Planche.

Fig. 1. La reine des abeilles.
2. Une abeille.
3. Un bourdon.
4 & 5. Un gâteau ou pain de cire dont les alvéoles font vûs en-deffus & de côté.
6. La feringue à ruches.
7. Le couteau recourbé.
8. La ferpette.
9. Le fil de laiton tendu fur deux morceaux de bois pour féparer les hauffes lorfqu'il faut dégraiffer une ruche.
Fig. 10. L'arrofoir.
11. Chiffon fumant.
12. Ruche d'ofier.
13. Ruche de paille.
14. Vûe d'une ruche en-dedans, avec les bâtons croifés deftinés à faciliter le travail des abeilles.

15. Le furtout de paille pour une ruche faite ou d'un tronc d'arbre ou de terre. 16, une ruche faite de différentes hauffes de natte de paille qui fe placent les unes fur les autres, & qui fe ferment par le haut d'une planche ou d'une tuile chargée d'une pierre.
17. Hauffes féparées.
18. Ruche de bois vûe fur fa table garnie de fon furtout, avec un fourneau deffous. Ce fourneau fert dans les grands froids à réchauffer la ruche.
19. Table pour pofer la ruche.
20 & 21. Deux hauffes d'une ruche de bois, l'une (20) vûe par-dedans, & l'autre (21) vûe par-dehors.
22. Ruche de bois compofée de hauffes 20, 21, mife fur la table, & à laquelle il ne manque que fon furtout qu'elle a *fig.* 18.
23. Planche amovible qui fe place fur la derniere hauffe, & ferme ou ouvre la ruche.

Fig.

Fig. 24. Quatre hauffes de la ruche de bois, placées dans la bafcule pour ramaffer l'effain.
25. La bafcule féparée vûe en deffus.
26. Porte ou cadran de la ruche.
27. Ruche vitrée.

EDUCATION DES VERS A SOIE.

LA vignette repréfente l'intérieur d'une chambre où l'on éleve des vers à foie.
Fig. 1. Efpece de corps de tablettes à quatre rangs : il peut y en avoir davantage. On y voit à des diftances égales les boîtes fans couvercle & à bords très-bas où font les vers nouvellement éclos, & où on les nourrit.
2. Echelle ou marchepié pour monter à la hauteur des tablettes.
3. Table avec une boîte placée deffus pour être nettoyée.
4. & 5. Deux hommes occupés aux foins que demandent les vers à foie. *Fig.* 4. l'un des deux hommes fépare les vers malades de ceux qui fe difpofent à faire leur foie. *Fig.* 5. l'autre homme leur porte des feuilles fraîches. *a*, *b*, *c*, tablettes ou rayons fur lefquelles on pofe auffi des boîtes pleines de vers. On y voit la bruyere ou les branchages auxquels les vers à foie vont s'attacher quand ils forment leurs cocons. On met de pareils branchages aux boîtes placées fur le corps des tablettes de la *fig.* 1. comme on les voit en *d*.
6. Boîte où l'on voit des œufs à faire éclore.
7. Manne où l'on voit les vers plus grands.
8. & 9. Vers de différens âges.
10. Ver attaché à un branchage de tablettes ou une branche de mûrier, & qui commence à tendre fes fils.
11. Ver tranfporté d'une boîte dans un cornet de papier.
12. Cocon avec fa bourre, féparé du branchage.
13. Cocon dont on a féparé le fleuret ou la bourre.
14. Papillon qui perce fon cocon pour en fortir.
15. Le ver devenu féve ou chryfalide dans le cocon. Il perce fon enveloppe & s'en dépouille avant que de percer le cocon.
16. Cocon coupé en deux, au-dedans duquel on voit la dépouille du ver au fortir de la féve, & lorfqu'il eft fur le point de s'échapper du cocon en papillon.
17. & 18. Papillons vûs l'un en-deffus, l'autre en-deffous.

BASSE-COUR.

LA baffe-cour eft compofée de différens bâtimens dont la diftribution eft affez arbitraire, & dépend du terrein qu'on a. Les principaux repréfentés dans la vignette font en I le logement du fermier. P, paffage pour entrer & fortir de la ferme du côté de la cour du maître. Q, cellier. Entre la porte du cellier & celle de fortie P, font les écuries pour les chevaux de labour & de trait, le puits & les auges de pierre néceffaires. R, entrée du preffoir. H, le preffoir. G, vinée dont les murs font fuppofés abbattus pour laiffer voir l'intérieur. F, laiterie. E, paffage pour fortir fans entrer dans la cour du maître. D C, étables pour les vaches & autres animaux. B, bergerie : au-deffus font des greniers pour les fourrages. A, colombier. K, marre. T, la grange. N, porte de la grange autour des murs de laquelle font conftruits différens bâtimens M L, &c. qui font les toits à porcs, poulaillers, loge aux dindons, &c. O, halle pour mettre à couvert les voitures, charrues & autres inftrumens néceffaires
Fig. 1. *du bas de la Planche.* Berceau que l'on met dans les bergeries parallelement aux longs côtés & au milieu de leur largeur. On met auffi le long des

murs des rateliers, afin qu'un plus grand nombre de moutons ou d'agneaux puiffe y prendre à-la-fois leur nourriture. On éleve, ou on abaiffe à volonté les berceaux, en élevant les felettes placées à chacune de extrémités, & fur lefquelles ils repofent. A B, piece de bois creufée en gouttiere dans toute fa longueur, & dans laquelle on met la nourriture des agneaux. B C F A, B D F A, ranches ou ranchers du berceau. C D, F F, traverfes qui en empêchent l'écartement.
Fig. 2. Selette fervant à foutenir les berceaux. K, felette. G H, cornes de ranches.
3. Partie du mur d'une bergerie, dans lequel font fcellés des morceaux de bois L, dans la mortoife defquels entre une corne de ranche N M, pour foute-le rancher *a b*, dans lequel on jette le fourrage deftiné aux moutons.
4. Coupe verticale d'un colombier, qui en laiffe voir la difpofition intérieure. H K, voûte ou pié du colombier. A B, axe de l'échelle tournante L L, M N. C, D, ouvertures par lefquelles les pigeons peuvent entrer dans le colombier pour fe placer dans les boulins qui l'entourent. Les boulins font difpofés en échiquier de 35 ou 36 rangs les uns au deffus des autres : il y en a 64 à chaque rang ; ce qui fait en tout, en fuppofant feulement 35 rangs, 2240 boulins. E, planche en auvent qui recouvre les boulins fupérieurs. F, G, ceintures de pierres faillantes.
5. Elévation de trois rangs de boulins, & plan d'un de ces trois rangs. La diftance du milieu d'un boulin à l'autre eft de douze pouces, & leur hauteur de fept.

LAITERIE.

LA vignette repréfente l'intérieur de la laiterie d'une des maifons royales ; auffi eft-elle plus décorée qu'elles ne le font ordinairement : elle doit être de quelques piés plus bas que le rez-de-chauffée. Les tables font de pierre de liais, & ont trois cannelures par lefquelles les férofités des laitages s'écoulent dans les éviers qui font au-deffous.
Fig. 1. Fille qui bat le beurre dans la baratte.
2. Cage fur les étages de laquelle on met égoutter les fromages.
3. Baratte flamande.
4. Arbre de la baratte.
5. Porte de la baratte.
6. Boîte ou corps de la baratte.
7. Pié de la baratte.
8. Batte à beurre d'une baratte de fayance. Le bâton traverfe une febille de bois ou de fayance qui fert de couvercle à la baratte.
9. Baratte de fayance.
10. Clayon. Il y en a de différentes grandeurs & formes.
11. Batte à beurre de la baratte de bois. Le bâton traverfe une planche circulaire qui fert de couvercle à la baratte.
12. Baratte de bois dont fe fert la figure premiere de la vignette.

ART DE FAIRE ECLORE
les Poulets, *d'après M. de Réaumur.*
PLANCHE Iere.

LE haut de la Planche repréfente la maniere de conftruire les fours à faire éclore les poulets : c'eft un tonneau enfoncé dans le fumier avec des couvercles qui lui font propres.
Fig. 1. Tonneau dont le fond eft pofé fur un lit de fumier *f f*, *h h i*, intérieur du tonneau enduit de plâtre.
2. Tonneau plus enfoncé dans le fumier avec fon couvercle, dont les pieces *d*, *c c*, *b b*, *a a*, font repréfentées *fig.* 4.

E

Fig. 3. Tonneau trop enfoncé dans le fumier.

4. Pieces du couvercle du tonneau ou four. *a a*, premiere piece qui reçoit le bord du tonneau ou four. *b b*, piece qui est reçue dans la piece *a a. c c*, piece qui est reçue dans la piece *b b. d*, piece qui est reçue dans la piece *c c.* Ce sont des especes de regîtres qui font monter ou descendre la chaleur.

5. Toutes les pieces du couvercle du four ou tonneau assemblées, ou le couvercle vû en-dessous.

6. Portion du tonneau & du couvercle brisée, où l'on voit la maniere dont le tonneau est reçû dans la premiere piece, & dont toutes les autres pieces font reçûes les unes dans les autres.

7. Bouchon.

8. Vûe d'un tonneau ou four à couvercle plus simple.

9. Piece de bois qui ferme l'ouverture quarrée du couvercle.

10. & 11. Deux thermometres, l'un ordinaire, & l'autre propre à l'art de faire éclore les poulets.

12. Bouteille propre à faire un thermometre à beurre.

13. Panier d'œufs, avec un thermometre dessus.

14. Panier qui montre l'extrémité d'un canal d'osier dans lequel le thermometre sera placé.

15. Œuf numéroté du jour où il a été mis au four.

16. Four brisé en partie pour montrer comment deux paniers y peuvent être suspendus l'un au-dessus de l'autre.

17. Autre four brisé en partie pour laisser voir comment trois paniers peuvent être ajustés les uns au-dessus des autres.

18. Bourlet complet qui s'adapte dans le bourlet brisé de la *fig.* 17.

19. Usage de la propriété d'expansion des liqueurs, pour ouvrir les regîtres d'un four.

20. Usage de la force de l'expansibilité de l'air par la chaleur, pour ouvrir les regîtres d'un four.

PLANCHE II.

Fig. 1. Tonneau destiné à être un four, avec un porte-vent pour y renouveller l'air. *e c d*, le porte-vent. *a*, son extrémité garnie de tuyaux percés en arrosoir.

2. L'extrémité du porte-vent séparée.

3. Vûe d'un four horisontal. A B C D E, mur abattu pour montrer le four. F F, couches de fumier. G G, fumier sous le four. H I, H, montans à coulisses pour la porte K. M, boîte d'œufs. P, O,

O, piés de devant du chariot. Q, table qui soûtient le chariot tiré. R R T T, entrée du deuxieme four. T T, V V, porte brisée du four. X, bâton qui sert de soûtien à la table. Y, regîtres. Z *a b*, boîte pleine d'œufs. *a*, petite cloison. *d d, e e*, un des côtés du chariot. *e o*, roulettes. *h*, bord supérieur d'un des côtés de la caisse. *k*, derriere du four. *m*, rets de tringles qui regnent d'un bout à l'autre du four, & sur lesquelles posent les roulettes du chariot. *o o*, partie du chariot vûe par l'entrée du four.

Fig. 4 & 5. Poulets tirés de leurs coques lorsqu'ils étoient prêts de naître, & qu'ils avoient commencé à becqueter leurs coquilles.

6. Œuf que le poulet a commencé à bécher.

7. Œuf avec fracture, trop grande pour l'âge du poulet.

8. Œuf avec fracture, qui occupe toute la circonférence, & qu'il ne reste plus au poulet qu'à soulever.

9. Poulet qui a renversé la partie détachée de sa coque.

10. Coque dont le poulet est sorti.

11. Autre coque dont le poulet est sorti, avec les vaisseaux sanguins de la membrane qui revêt la coque.

PLANCHE III.

Fig. 1. 2. & 3. Poussinieres enterrées dans le fumier. Les poussinieres 1 & 2, plus courtes de moitié que celle de la *fig.* 3. pour les poulets nouvellement éclos; celle de la *fig.* 3. pour les poulets plus grands. M, mere artificielle. R, rideau qui la ferme par-devant. A, auget à mangeaille. C, *fig.* 1 & 2. claie pour former la poussiniere : celle de la *fig.* 3 doit avoir aussi sa claie. La poussiniere de la *fig.* 2 est pour les cannetons naissans. D, cloison à porte pour laisser sortir les cannetons. B, jatte pleine d'eau.

4 Sevroir ou poussiniere pour les poulets qui commencent à voler. R, S, T, V, corps du sevroir. O C, D D, F F, pieces qui forment le couvercle entier. M, mere artificielle. A auget à mangeaille.

5. Mere artificielle vûe par-dehors.

6. Mere artificielle vûe par-dedans.

7 & 8. Meres artificielles demi-rondes.

9. Autre mere artificielle. *l m n o p*, boîte qui fait partie de la poussiniere. *z z*, treteaux qui portent cette boîte. K, porte de communication. *a b c d e*, tonneau brisé. *h i, f g*, deux meres artificielles.

Pl. 1.

fig. 4.

fig. 6.

fig. 7.

fig. 1.

fig. 4.

fig. 3.

fig. 2.

Berard Fecit.

Agriculture, Labourage.

Pl. II.

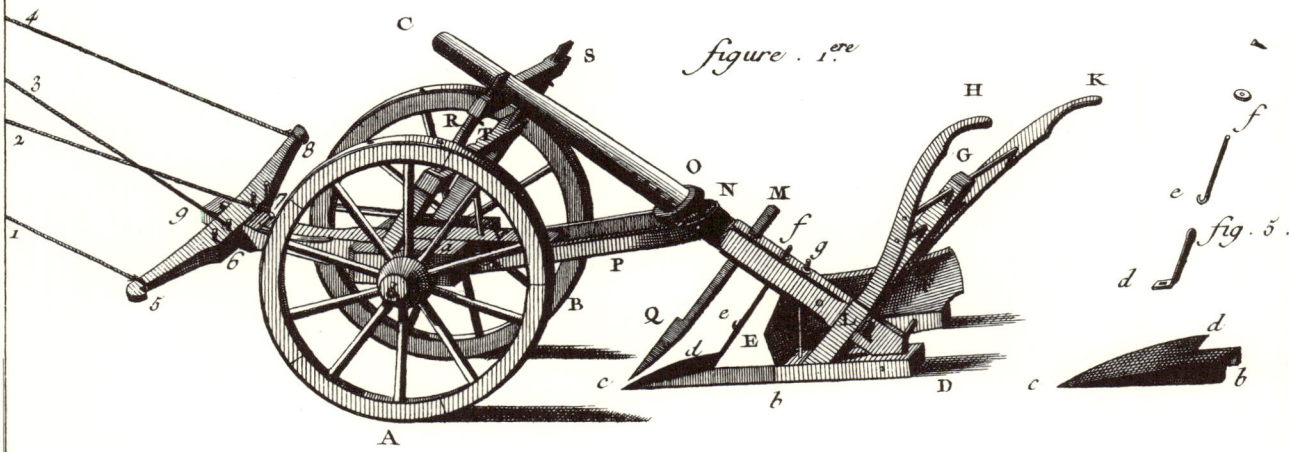

figure. 1.ere

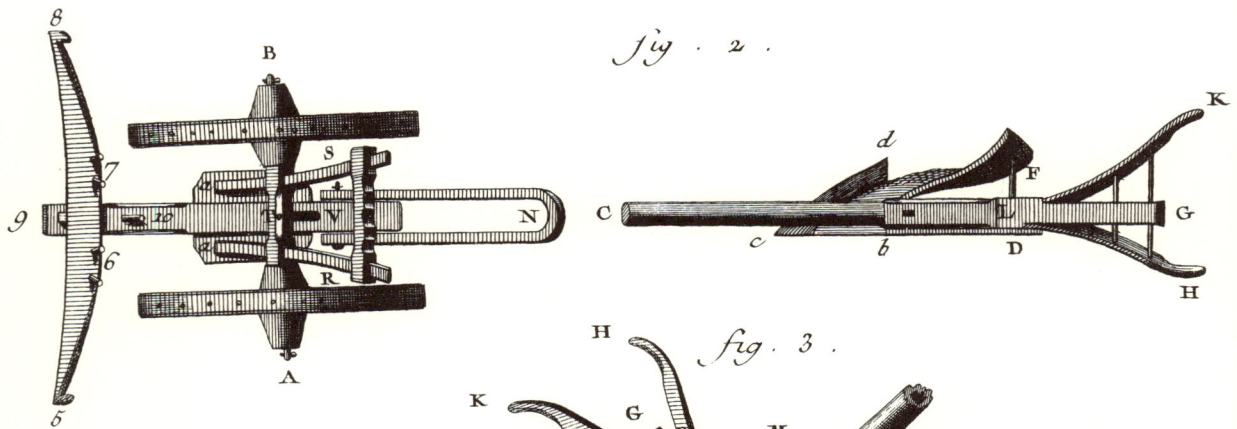

fig. 2.

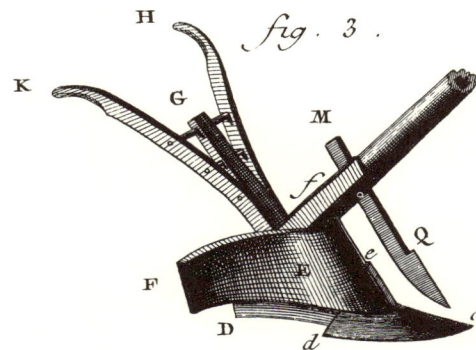

fig. 3.

fig. 5.

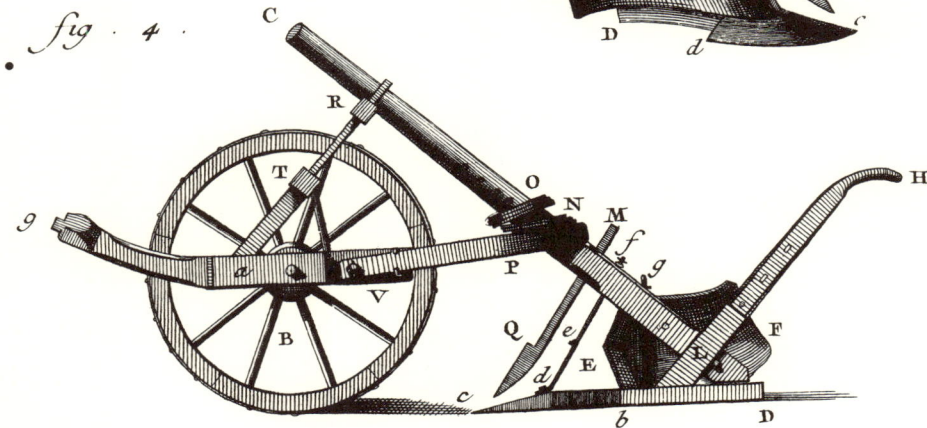

fig. 4.

1 2 3 6 12 Pieds.

Goussier Del.

Benard Fecit.

Agriculture, Labourage.

Pl. III.

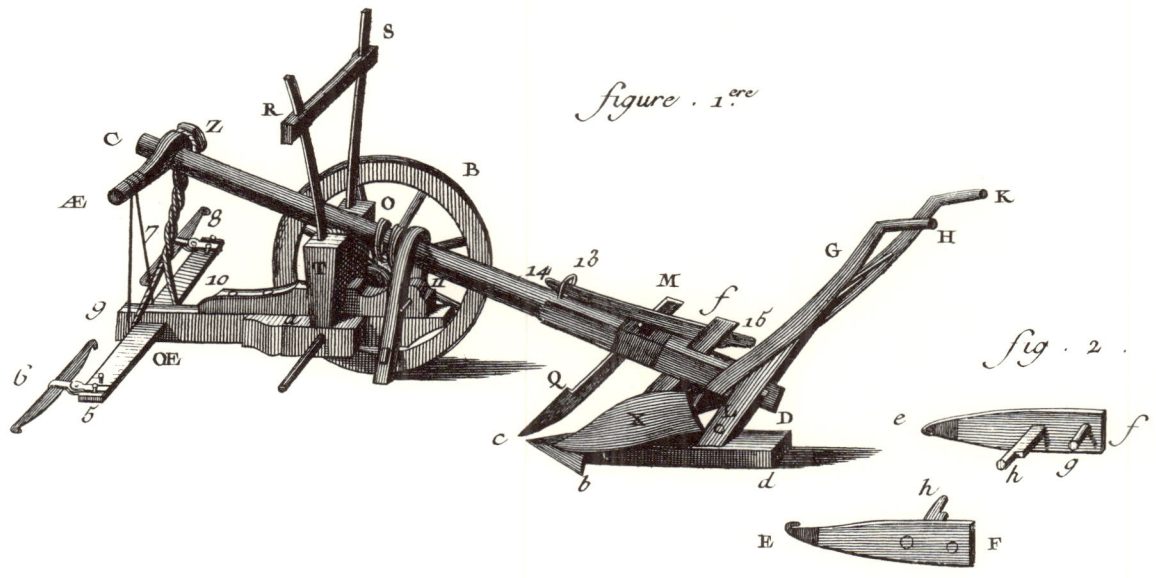

figure . 1.ere

fig . 2 .

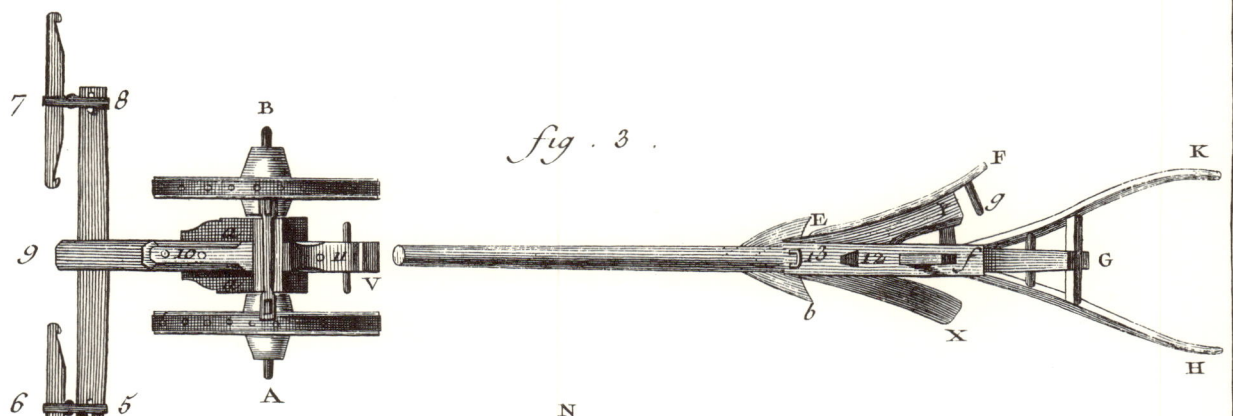

fig . 3 .

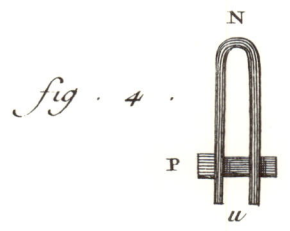

fig . 4 .

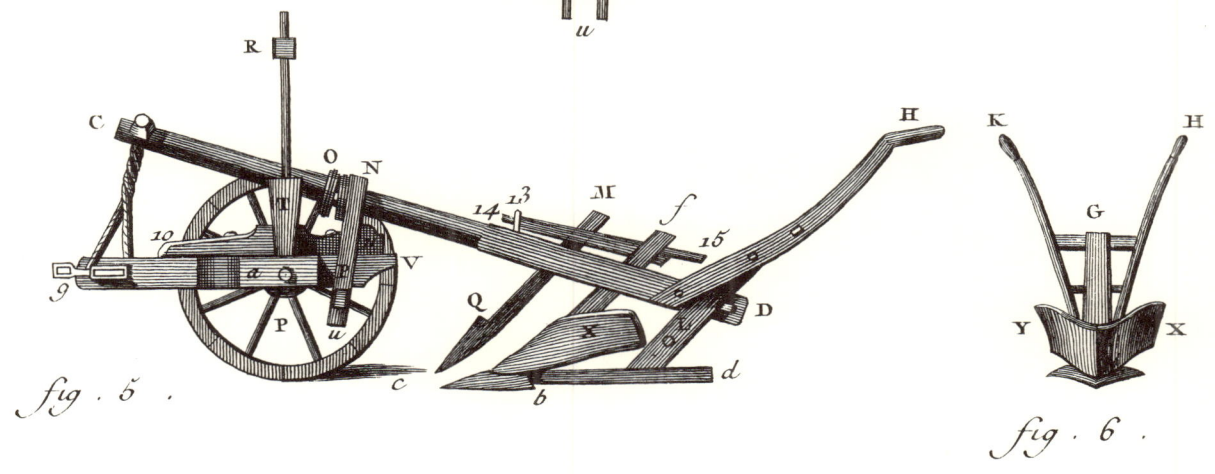

fig . 5 .

fig . 6 .

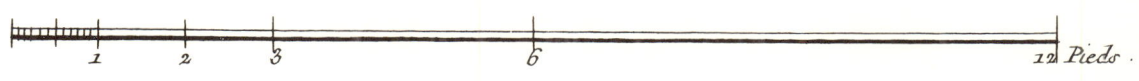

1   2   3   6   12 Pieds.

Goussier Del.

Benard Fecit.

Agriculture, Labourage.

Pl. IV.

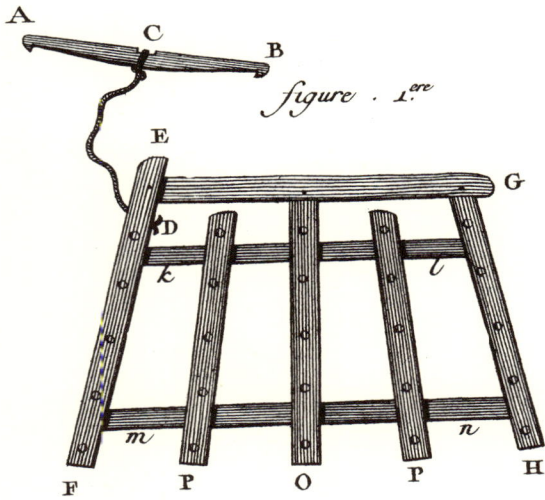

figure. 1.ere

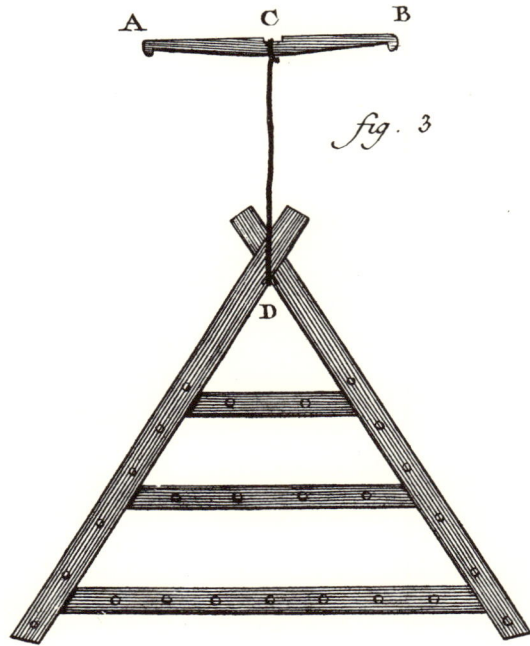

fig. 3

fig. 2.

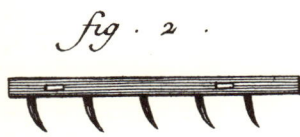

fig. 4.

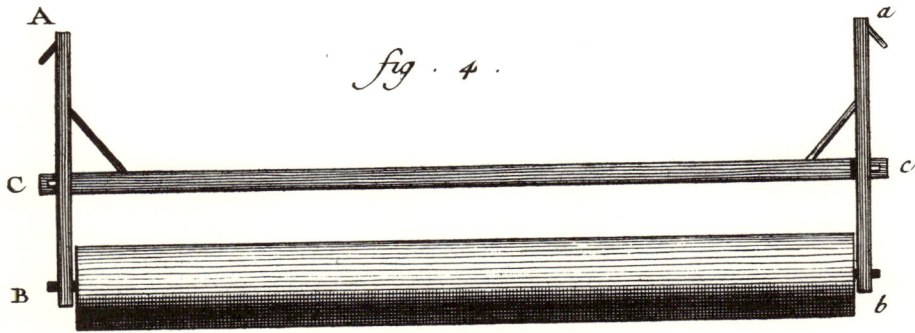

fig. 5.

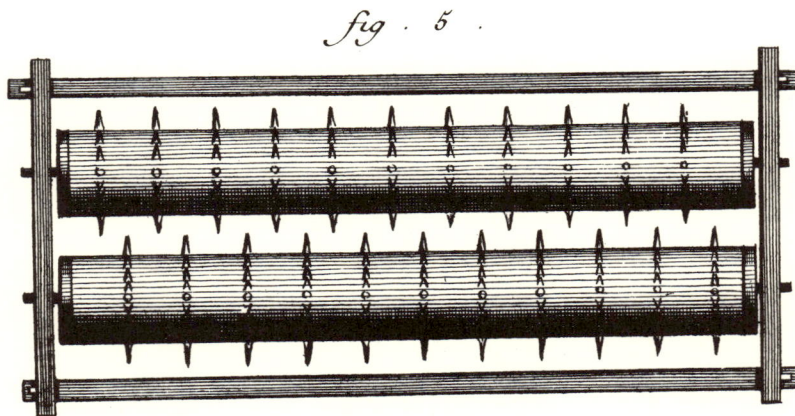

fig. 6.

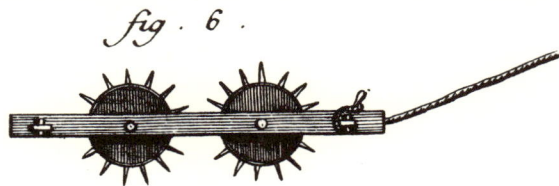

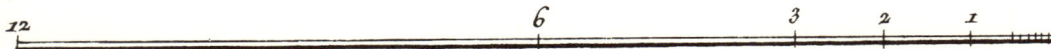

Echelle de douzes Pieds.

Goussier del.   Benard Fecit.

Agriculture, Labourage.

Pl. V.

fig. 1.

a   a   a

fig. 2.

b   b   b

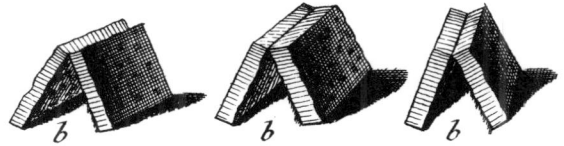

fig. 3.

a

b

f

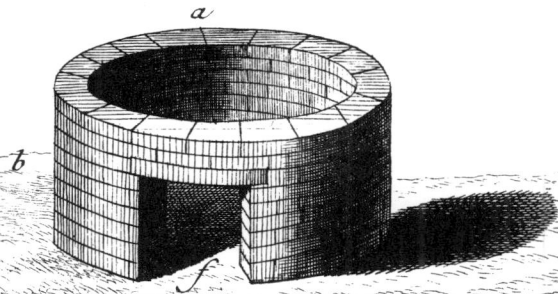

fig. 4.

e

d

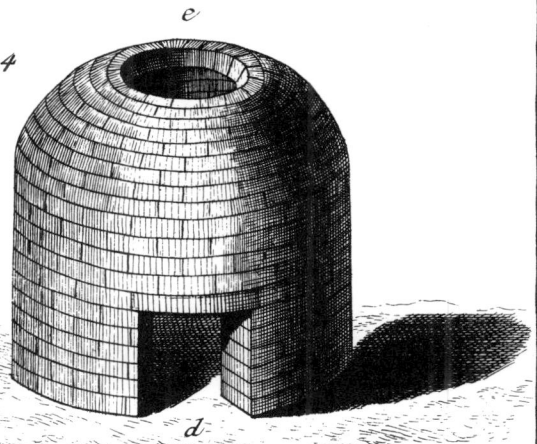

fig. 5.

C G M   L F B

fig. 6.

DHN   KEA

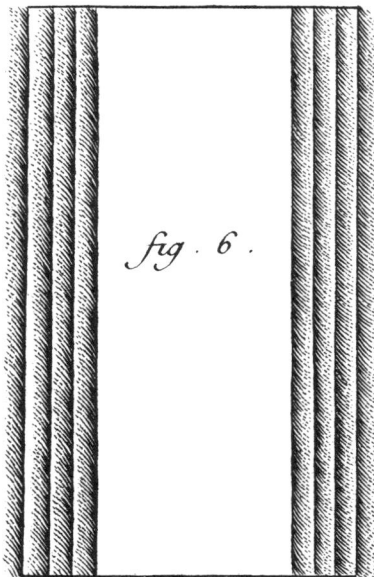

CGMQ TP L FB

fig. 7.

DHNRSOKEA

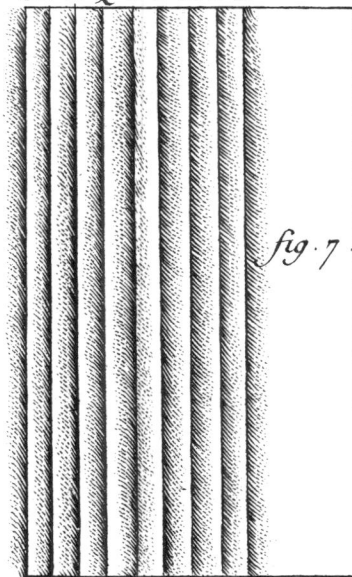

IGFCB

fig. 8.

KHEDA

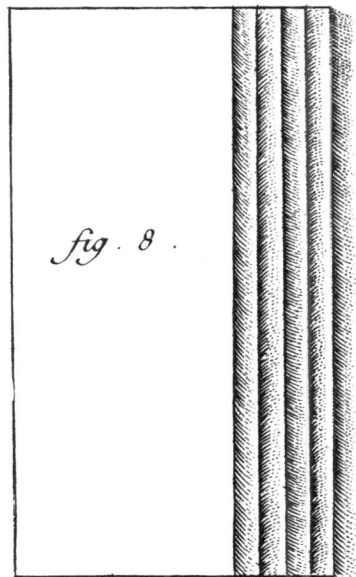

Goussier Del.   Benard Fecit.

Agriculture, Maniere de bruler les Terres.

Pl. 1.

figure. 1.re

fig. 2.

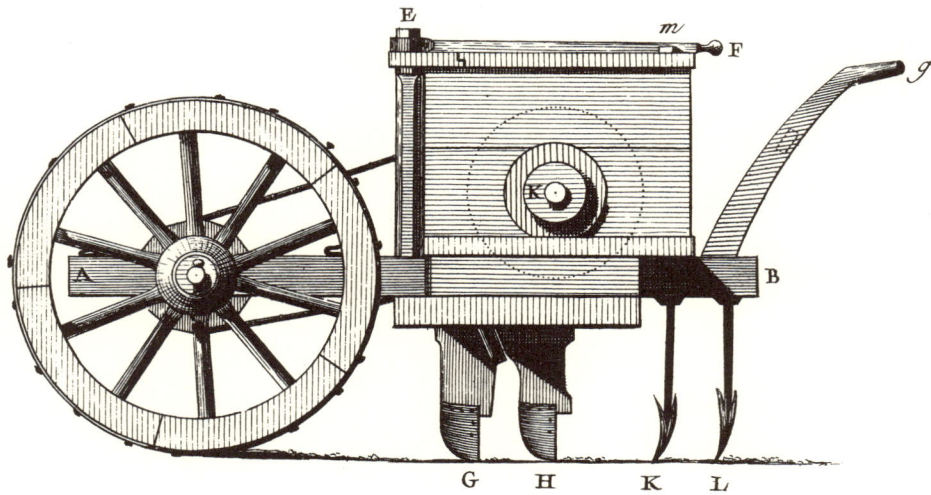

1   2   3   6 Pieds

Echelle de Six Pieds pour touttes les Figures.

Goussier Del.   Benard Fecit.

Agriculture, Semoirs.

Pl. II.

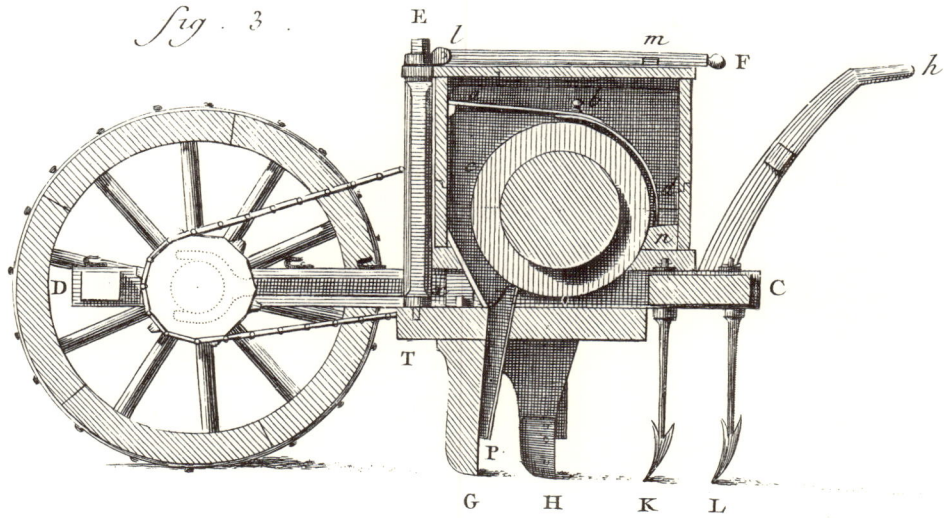

fig. 3.

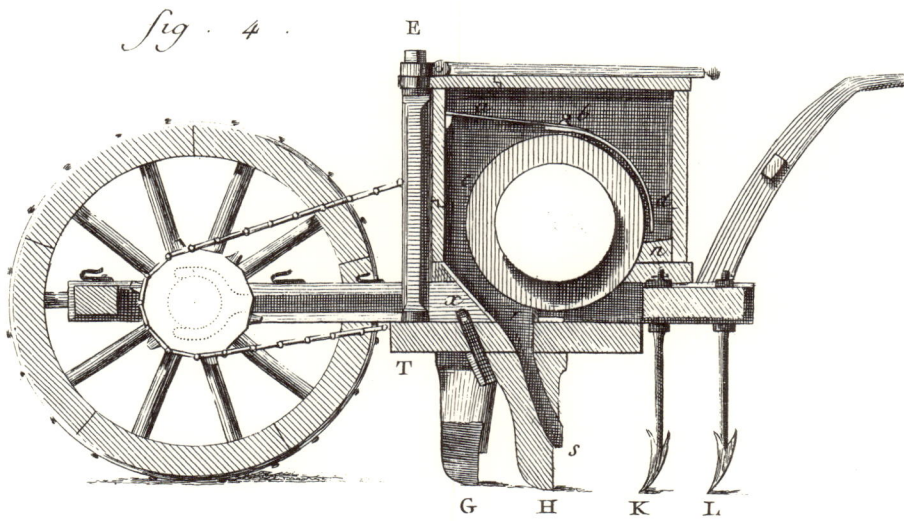

fig. 4.

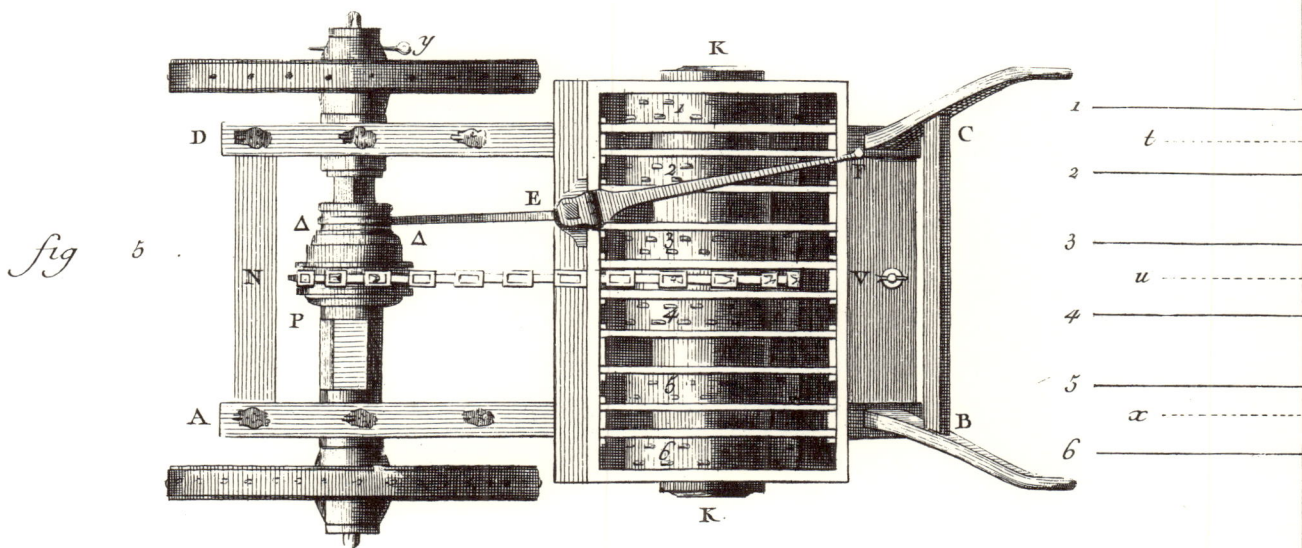

fig. 5.

Benard Fecit.

Agriculture, Semoirs.

Pl. III.

fig. 6.

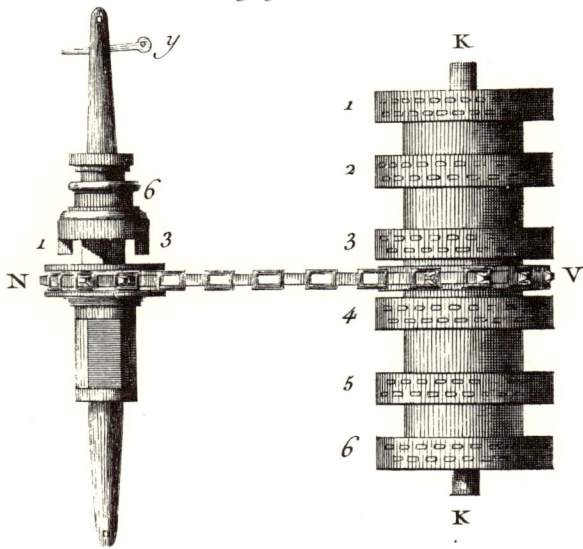

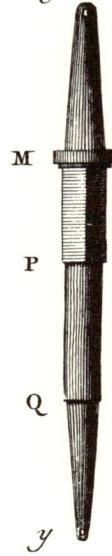

fig. 7.

fig. 8.

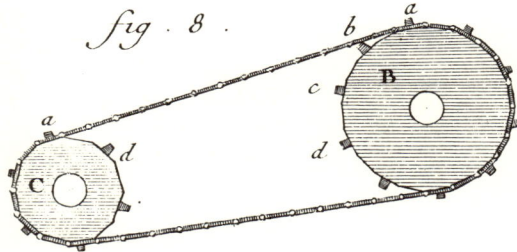

fig. 9.

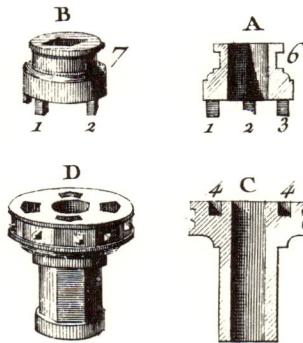

fig. 10.

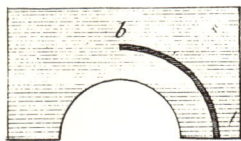

fig. 11.

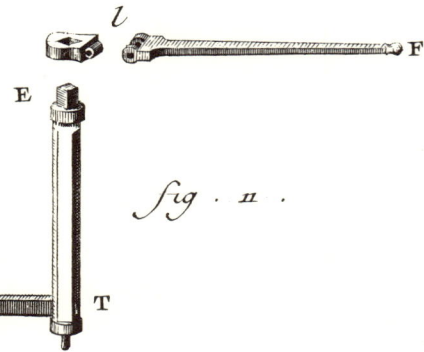

fig. 12.

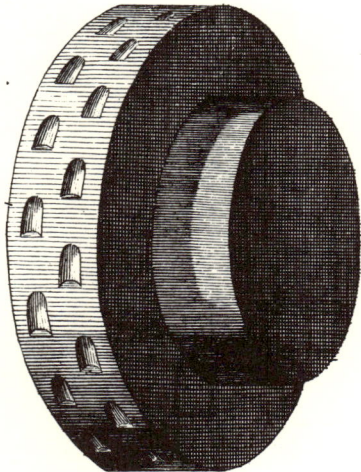

fig. 13.

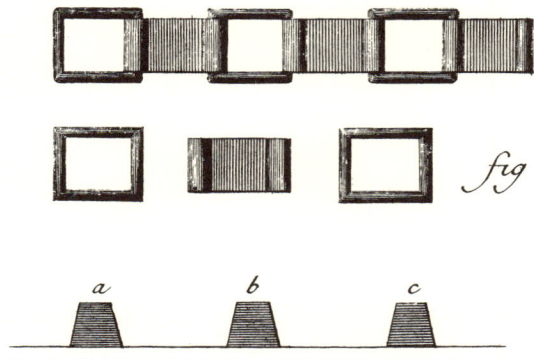

Goussier del.

Benard Fecit.

Agriculture, Semoirs.

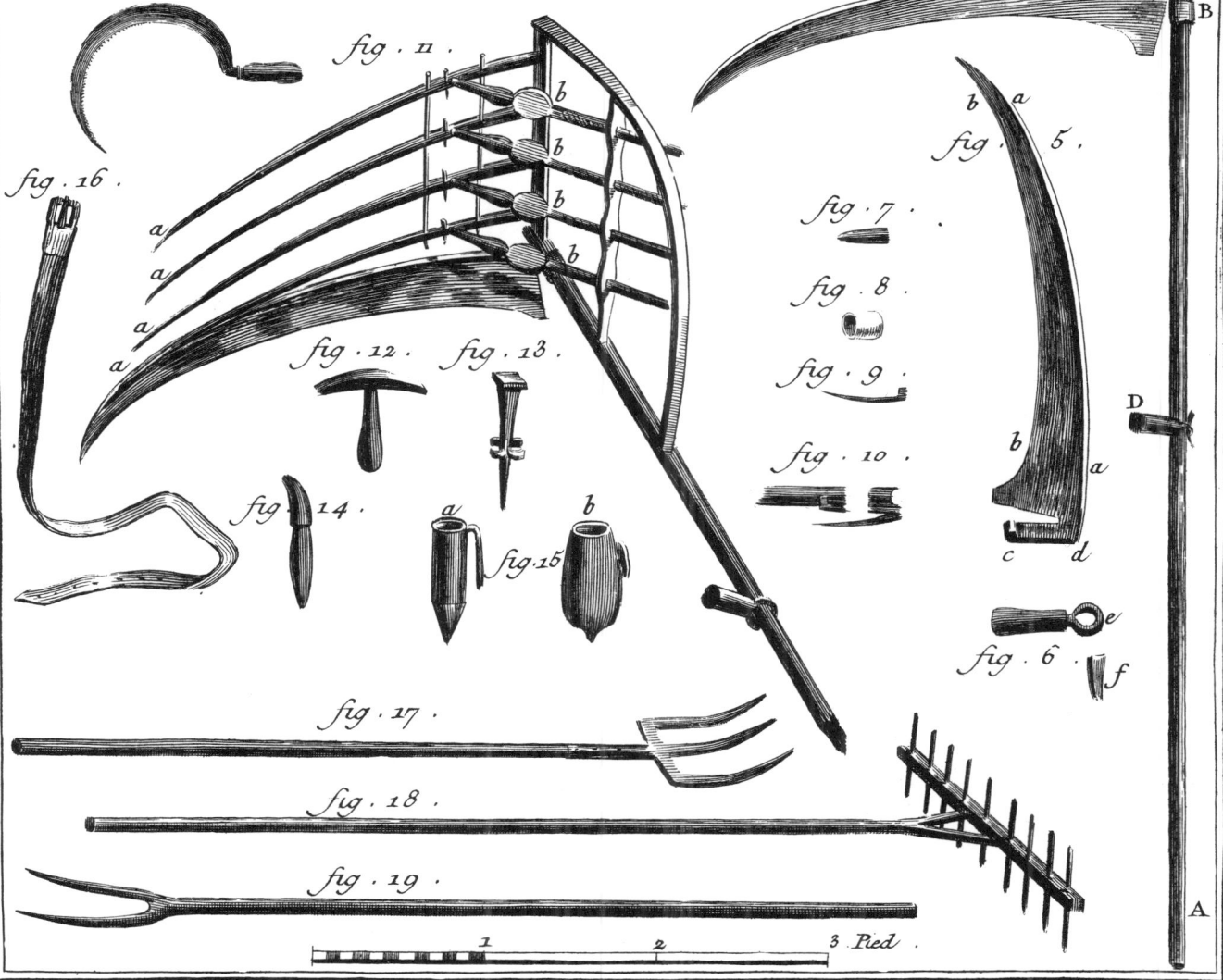

fig . 3 .

fig . 4 .

fig . 11 .

fig . 16 .

fig . 12 .   fig . 13 .

fig . 14 .

fig . 15 .

fig . 5 .

fig . 7 .

fig . 8 .

fig . 9 .

fig . 10 .

fig . 6 .

fig . 17 .

fig . 18 .

fig . 19 .

1   2   3 . Pied .

Benard Fecit .

Agriculture.

fig . 4 . fig . 6 . fig . 3 . fig . 1 .
fig . 7 . fig . 5 .
fig . 2 . fig .

fig . 8 .

fig . 16 .

fig . 11 .

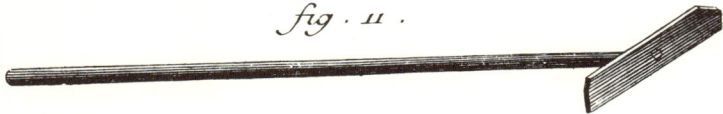

fig . 12 .

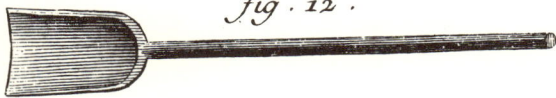

fig . 13 .

fig . 17 .

fig . 14 .

fig . 15 .

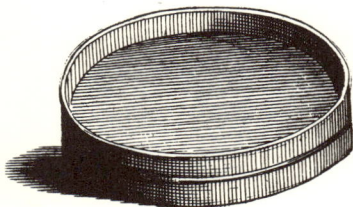

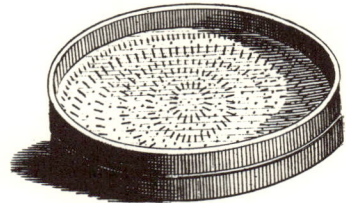

fig . 10 .

fig . 9

1   2   3 Pieds .

Agriculture,
Le Batteur en Grange.

Benard Fecit .

Pl. I.

fig. 1.

fig. 2.

fig. 3.

fig. 4.

fig. 5.

fig. 6.

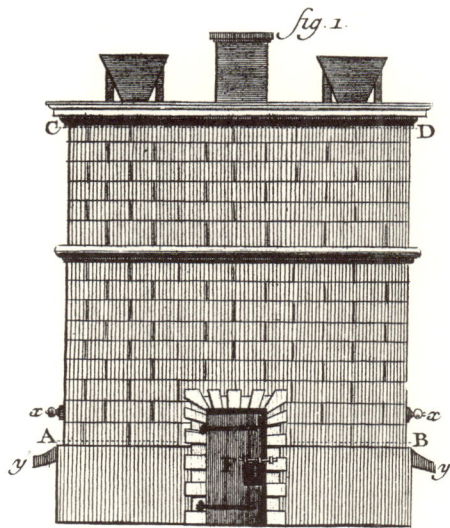

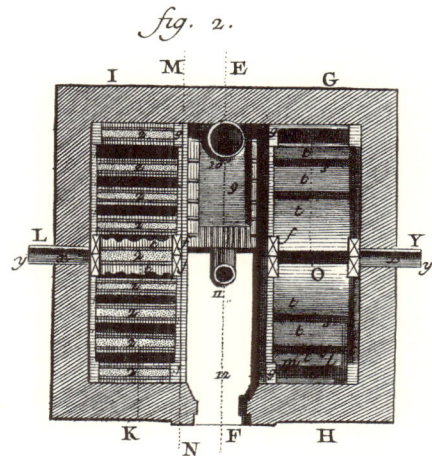

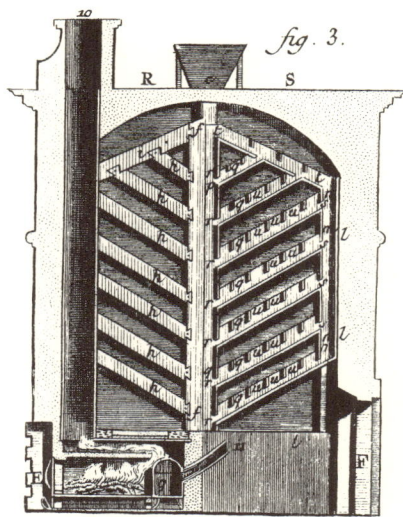

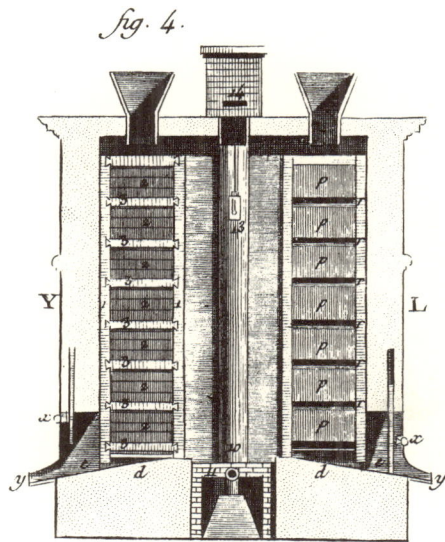

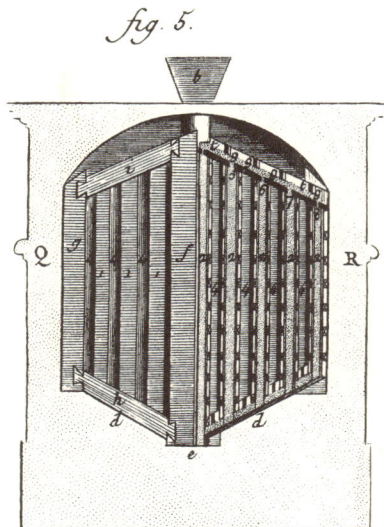

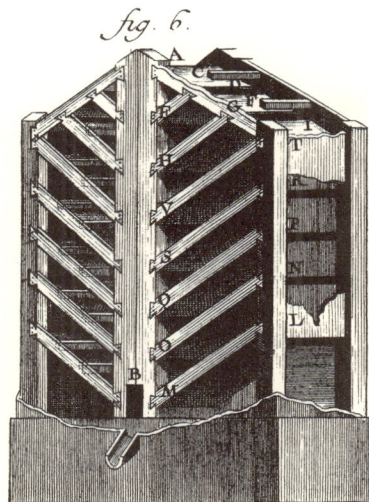

1 2 3 4 5 6　　　　12　　　　18. Pieds.

Goussier del.

Benard Fecit.

OEconomie Rustique, Conservation des Grains.

Pl. II. et. III.

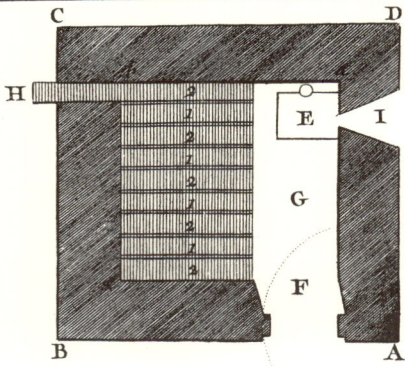

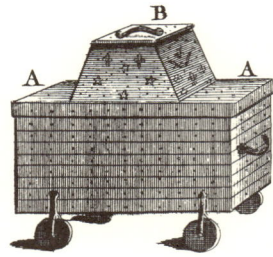

fig. 2.

fig. 1.

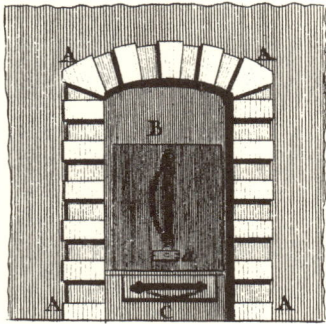

fig. 3.

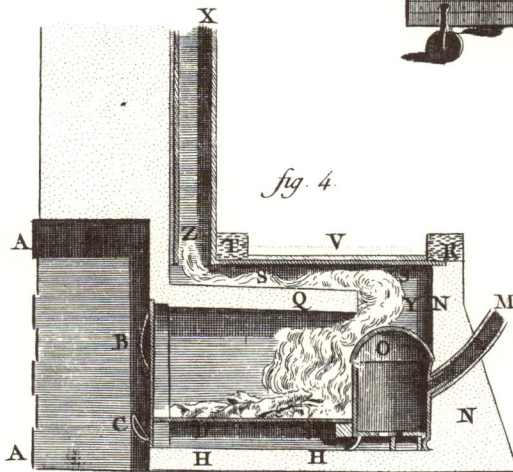

fig. 4.

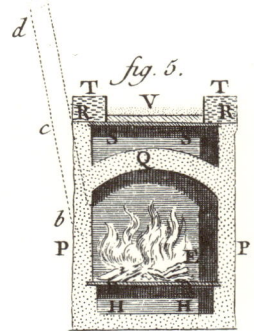

fig. 5.

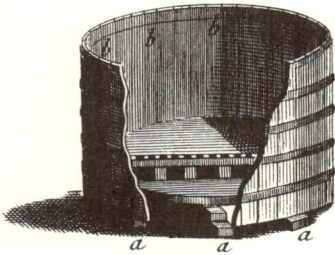

fig. 6.

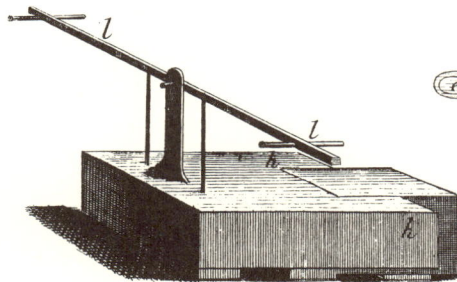

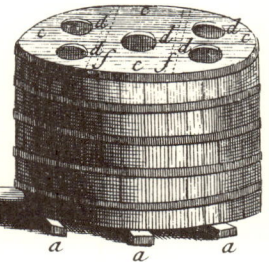

fig. 7.

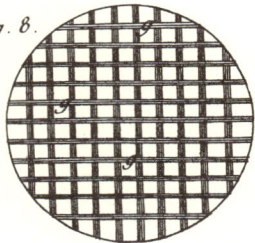

fig. 8.

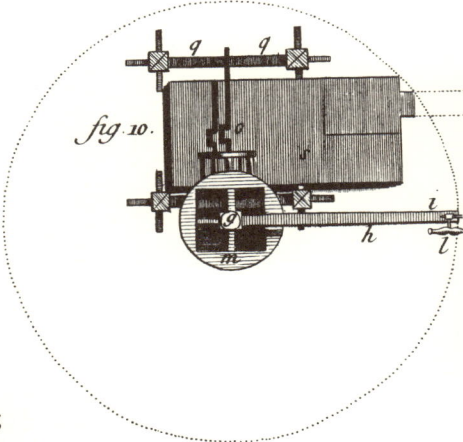

fig. 10.

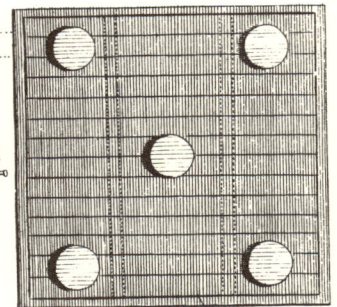

fig. 9.

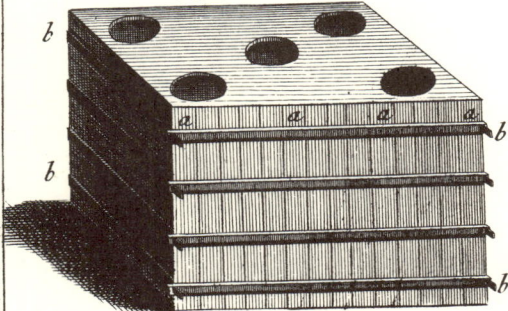

1 2 3 4 5 6   12   18 P

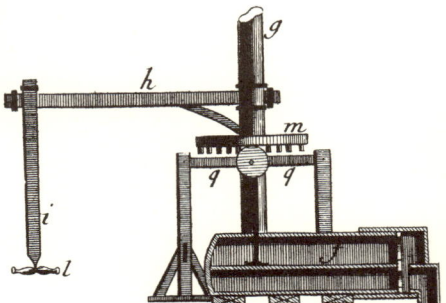

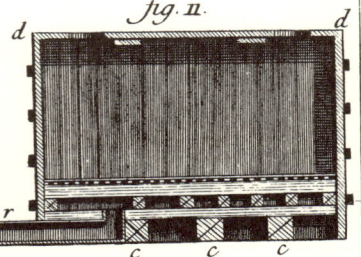

fig. 11.

Goussier del.

Benard Fecit.

OEconomie Rustique,
Conservation des Grains.

Pl. I.

Goussier del.

Benard Fecit.

Agriculture. Economie Rustique,
Moulin à Vent.

Pl. II.

Agriculture, Economie Rustique.
Moulin a Vent.

Goussier del

Benard Fecit.

Pl. III.

L

M

H

K

B

A

87

86

87

86

O

N

12
3
13
69

12
13
64
63
60

0 1 2 3 4 5 6
1 2 3 6

Goussier del.

Benard Fecit.

Agriculture, Economie Rustique.
Moulin à Vent.

Pl. IV.

Goussier Del.

Benard Fecit.

Agriculture, Economie Rustique.
Moulin à Vent.

Pl. V.

figure. 1.ere

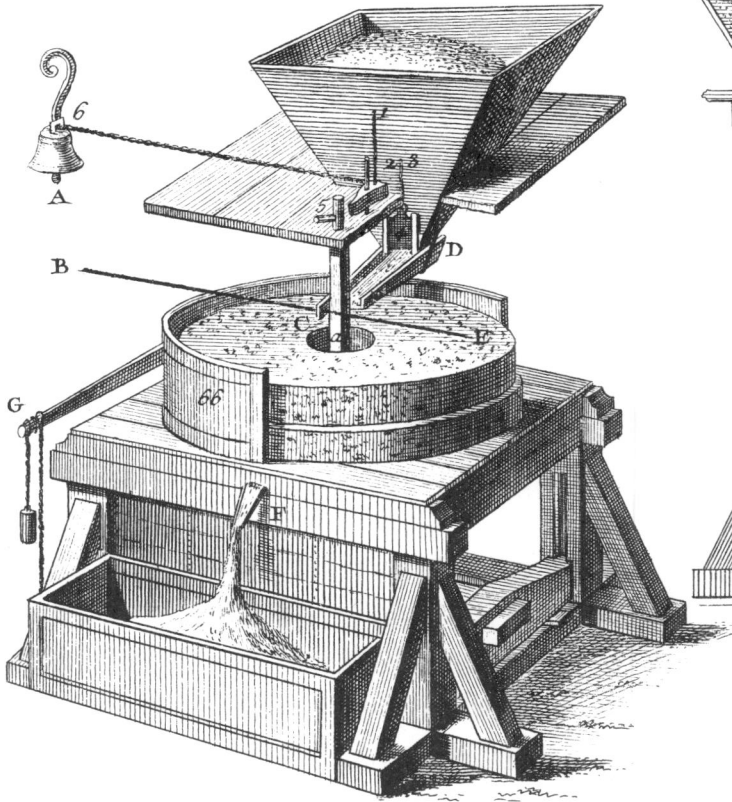

fig. 2.

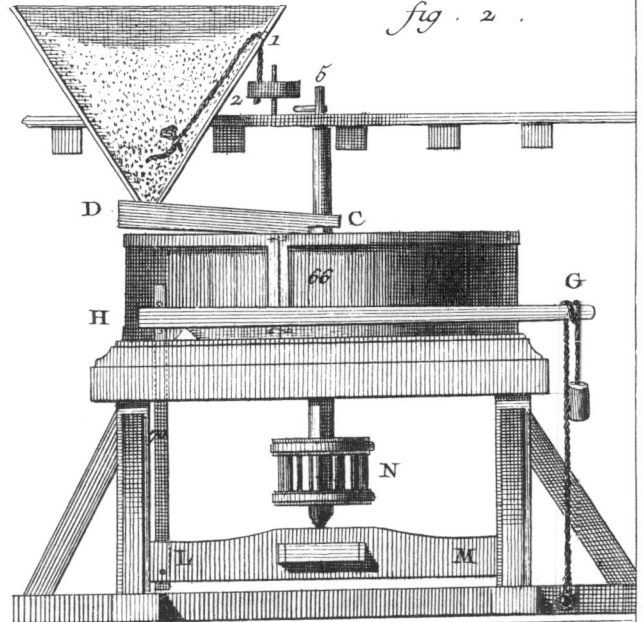

fig. 3.

fig. 4.

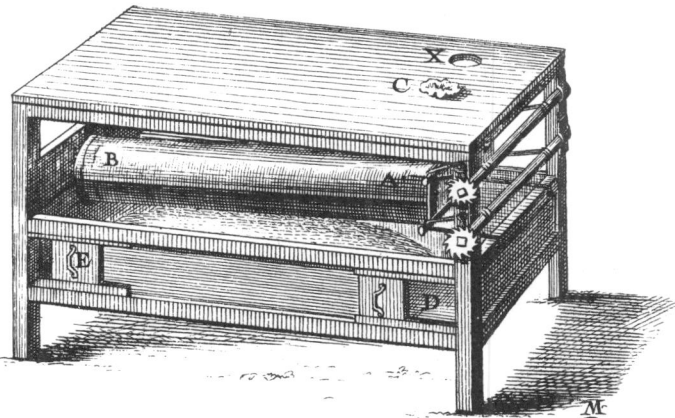

fig. 7.

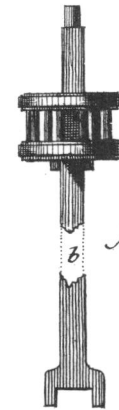

fig. 5.

fig. 8.

fig. 6.

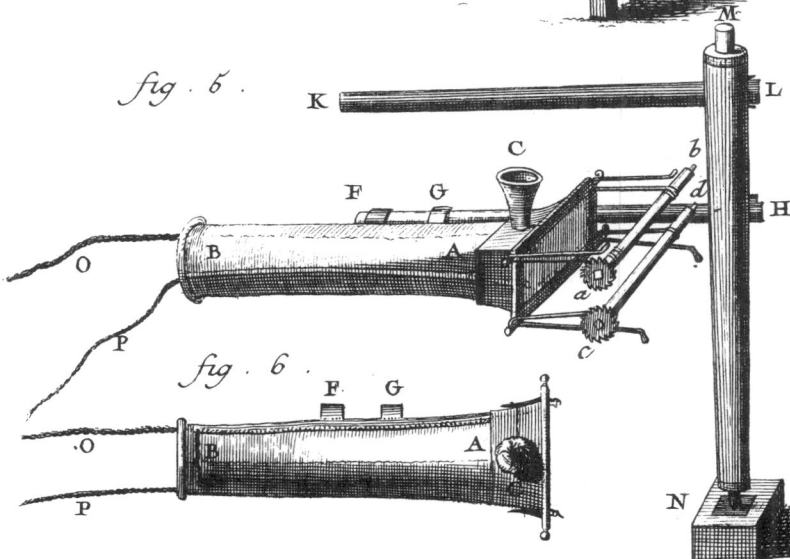

fig. 9.   fig. 10.

Goussier del

Benard Fecit

Agriculture Economie Rustique.
Detail des Moulins

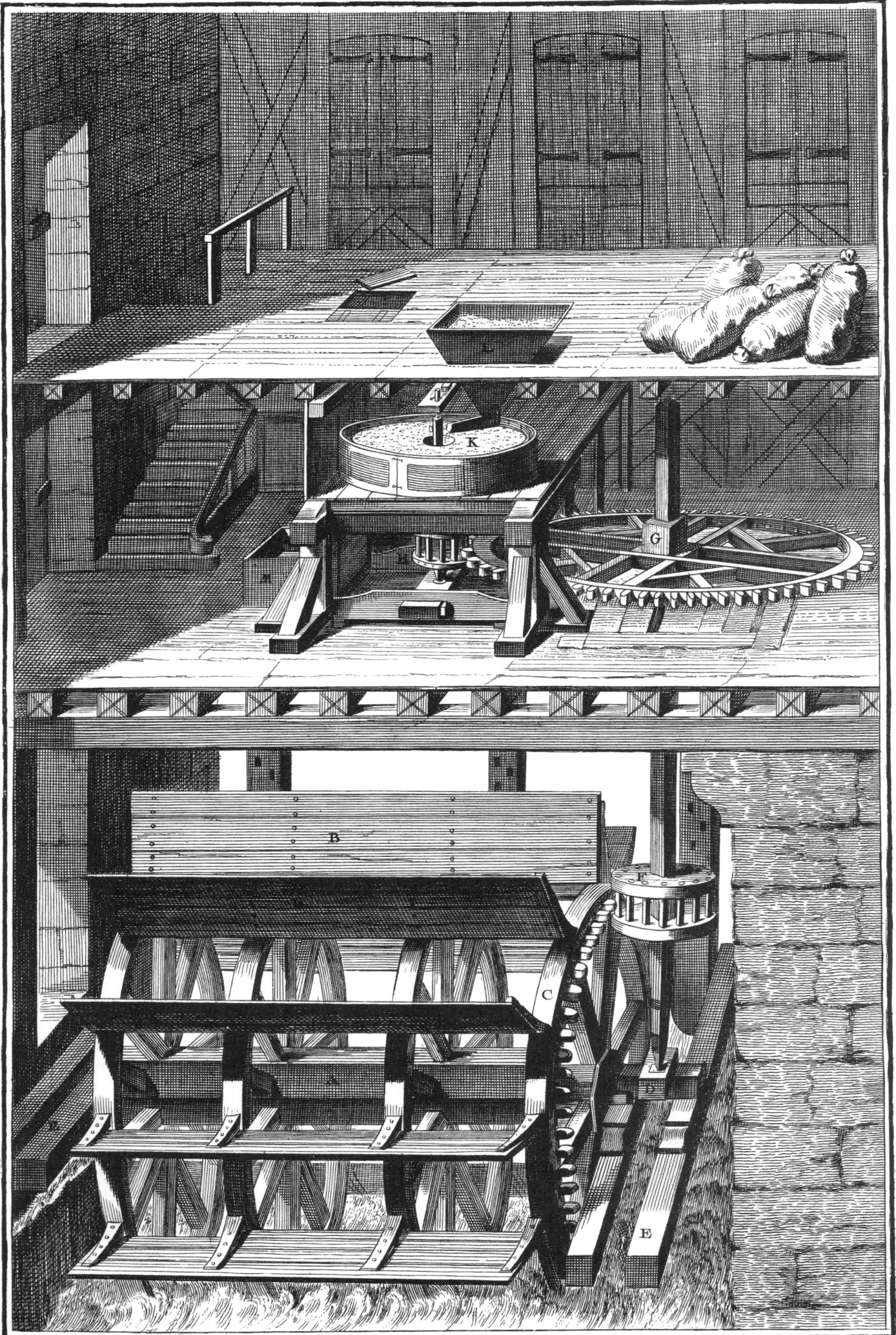

Pl. VI.

Goussier del

Bernard Fecit.

Agriculture, Œconomie Rustique,
Moulin à Eau.

Pl. VII.

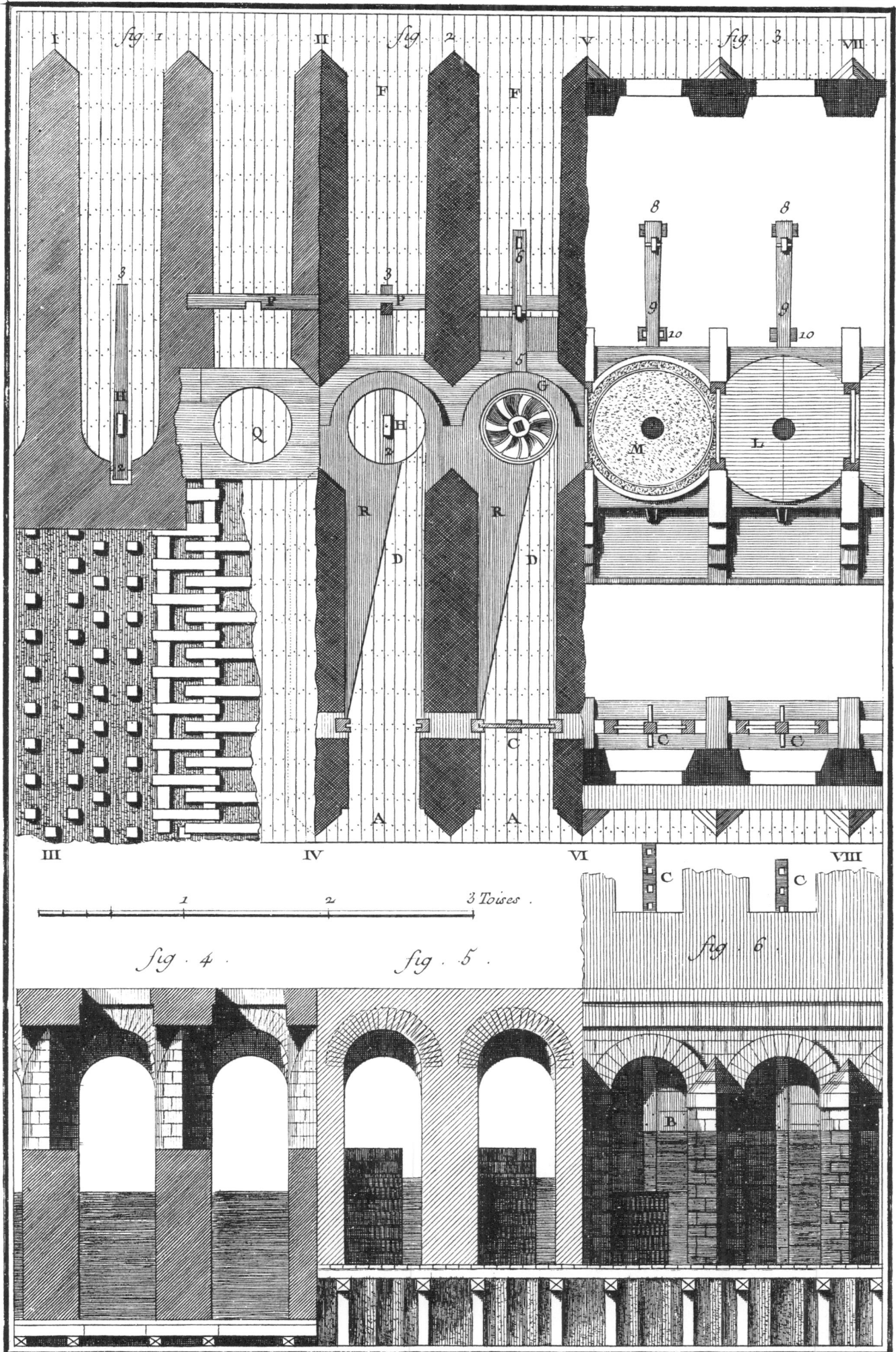

Agriculture, OEconomie Rustique,
Moulin du Basacle.

fig . 7 .

M

N

C

7

8   9

10

K

A   A

B

6   4

5

F   P   P

3

G   H

2

fig . 8 .

fig . 9 .

fig . 10 .

G

7

6

H

fig . 11 .

G

Benard Fecit .

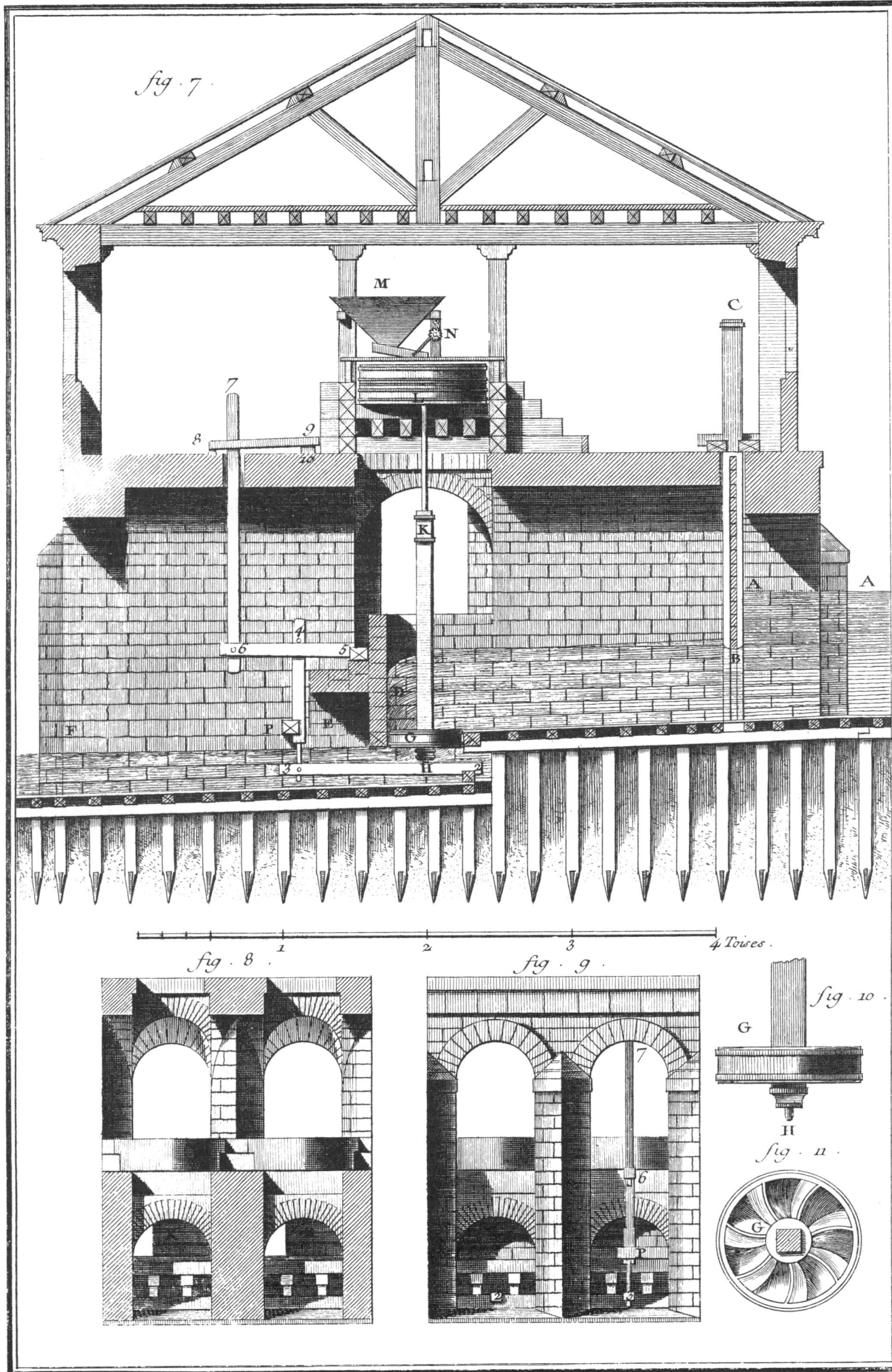

Agriculture, OEconomie Rustique,
Moulin du Basacle.

Pl. IX.

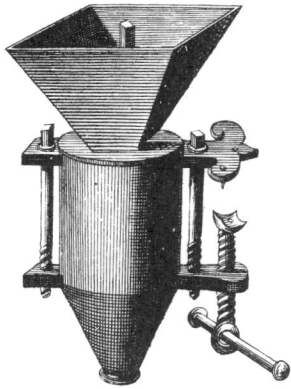

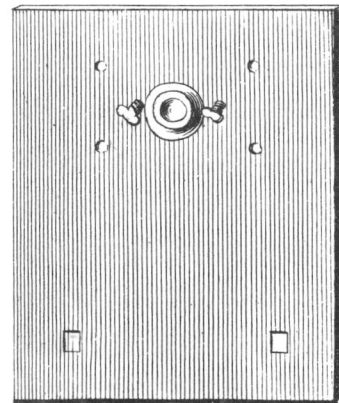

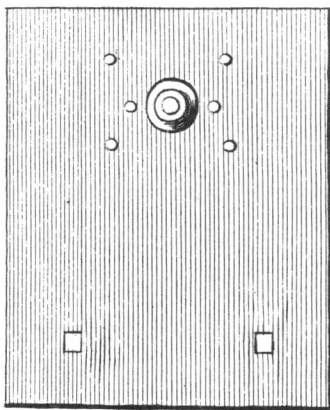
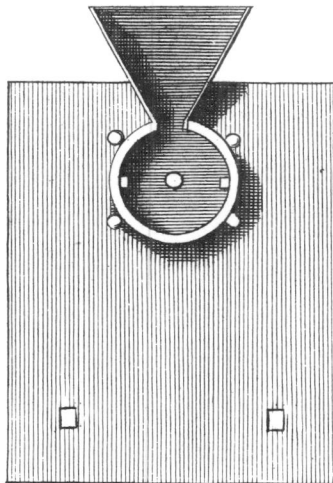
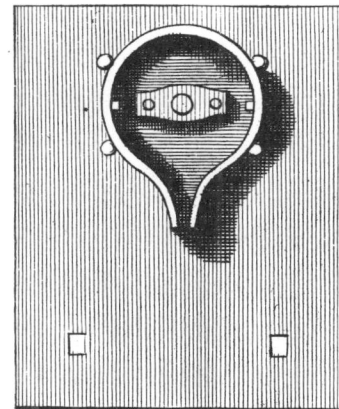

figure 1.ere   fig. 2   fig. 3   fig. 4   fig. 5   fig. 6   fig. 7   fig. 8   fig. 9   fig. 10   fig. 11   fig. 12   fig. 13   fig. 14   fig. 15   fig. 16   fig. 17   fig. 18

Goussier del.   Benard Fecit.

Œconomie Rustique, Moulins a bras.

Pl. 1.

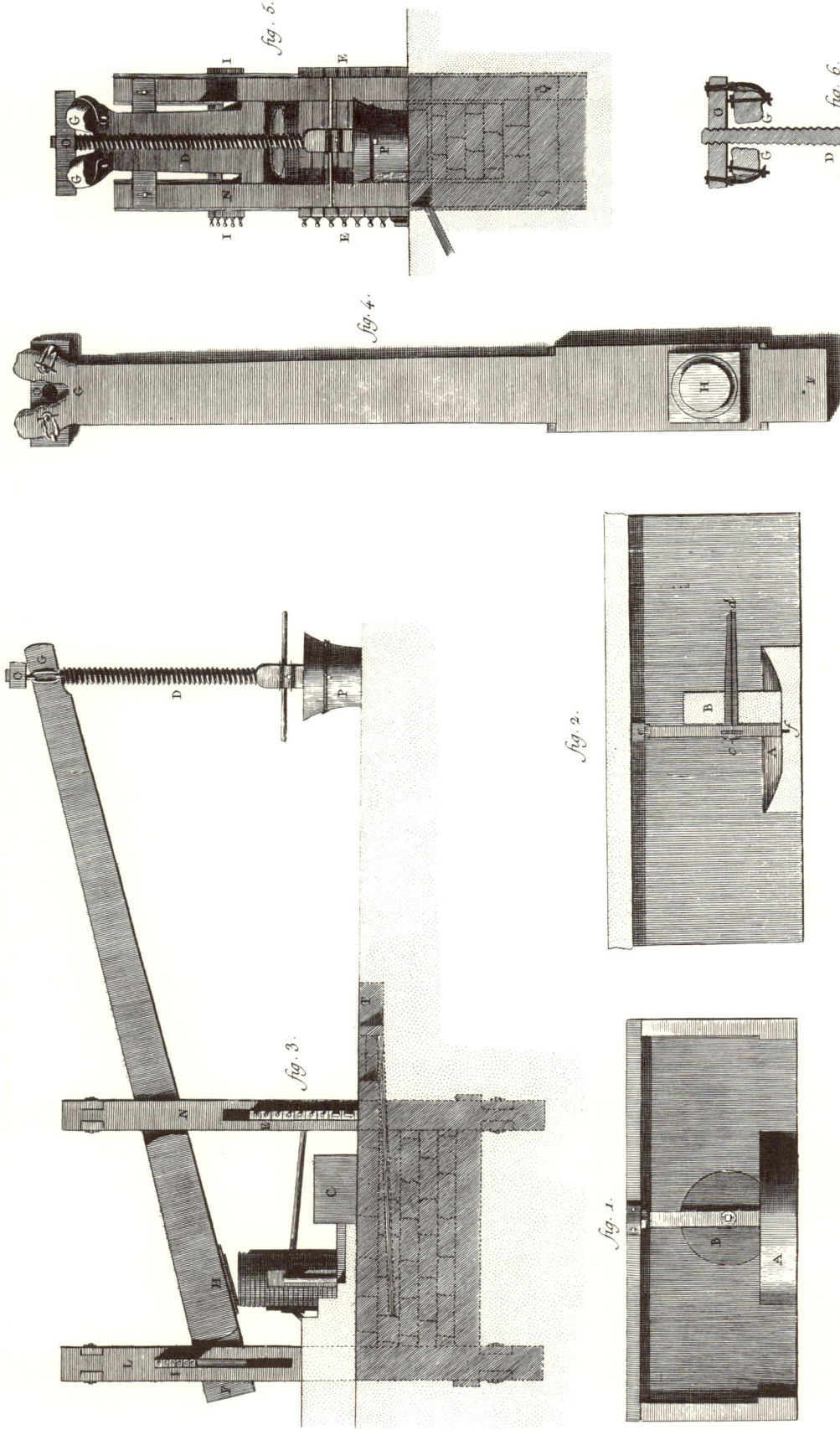

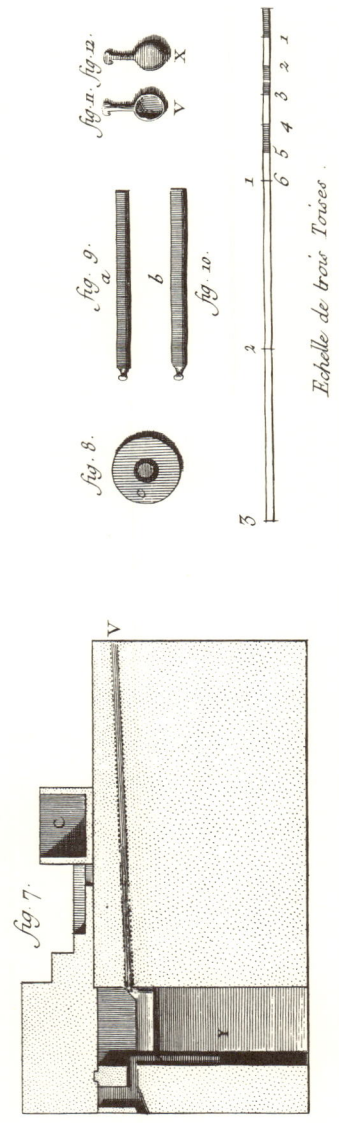

Economie Rustique. Moulin a Huile avec pressoir dit a grand Banc de Languedoc et de Provence.

Bouret Fecit.

Pl. II.

OEconomie Rustique,
Moulin a exprimer l'Huile des Graines.

Benard Fecit.

Pl. III.

fig. 3.

fig. 4.

fig. 5.

fig. 2.

fig. 6.

Benard Fecit.

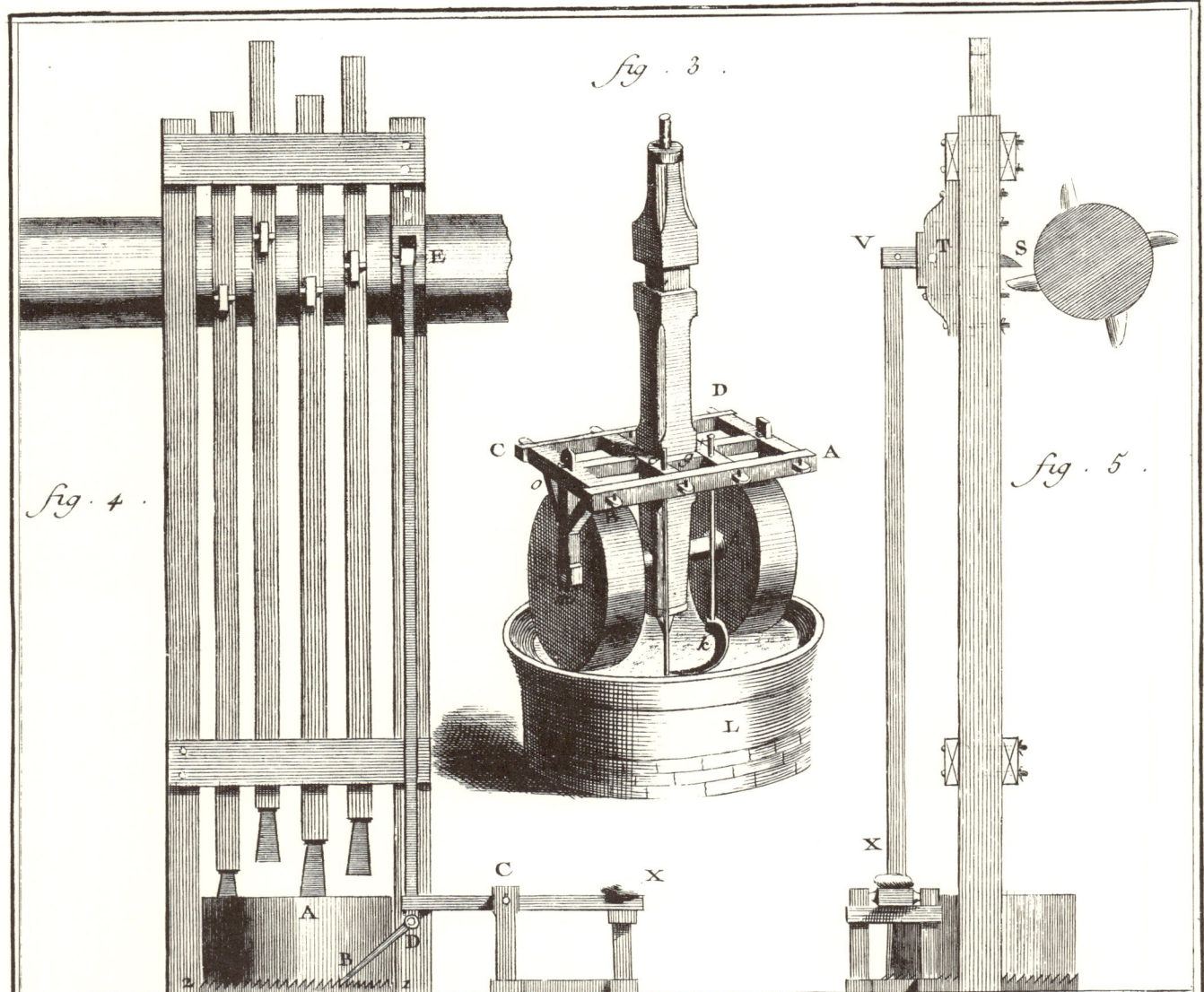

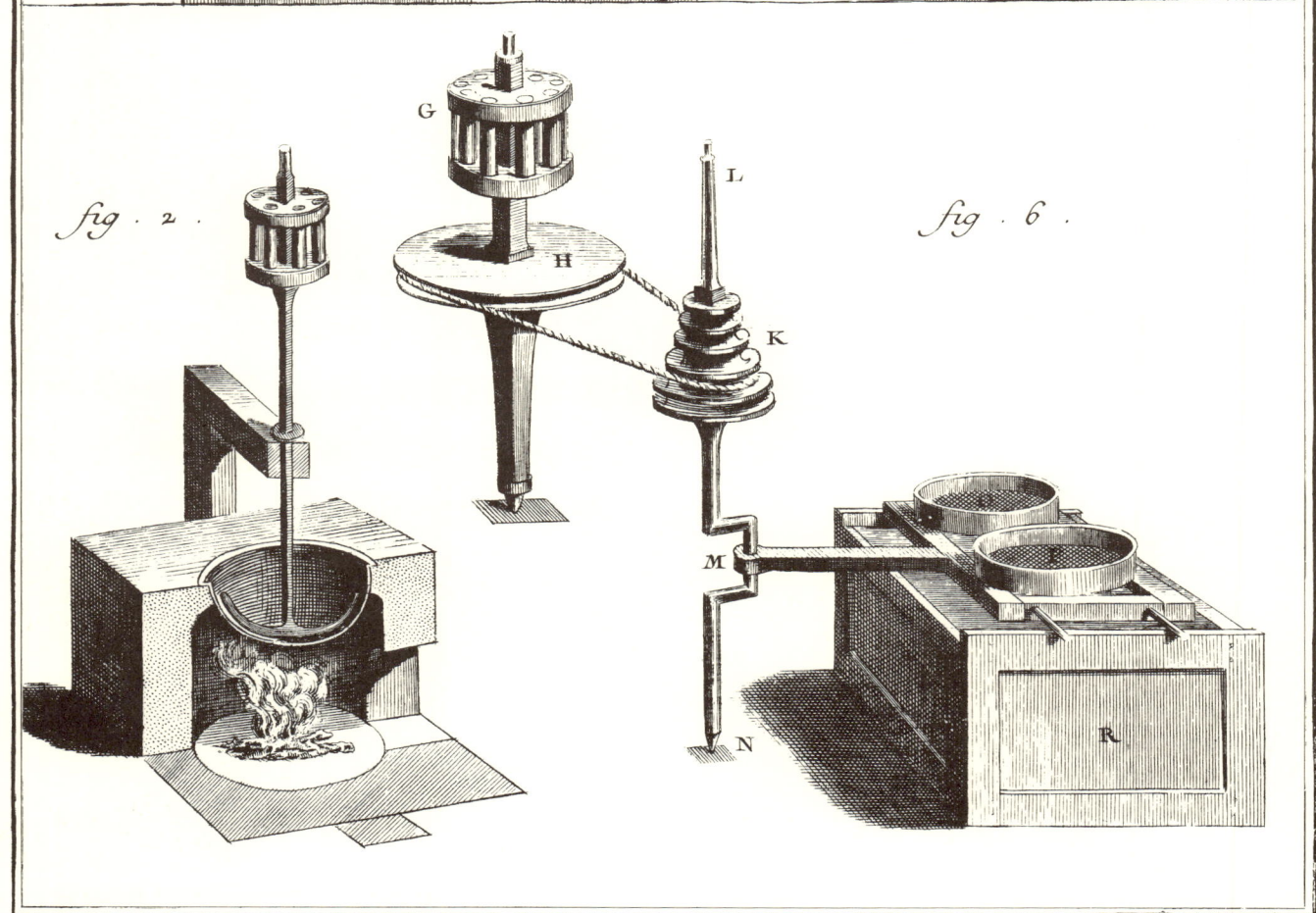

OEconomie Rustique,
Moulin a Tabac, et suite du Moulin pour exprimer l'Huile.

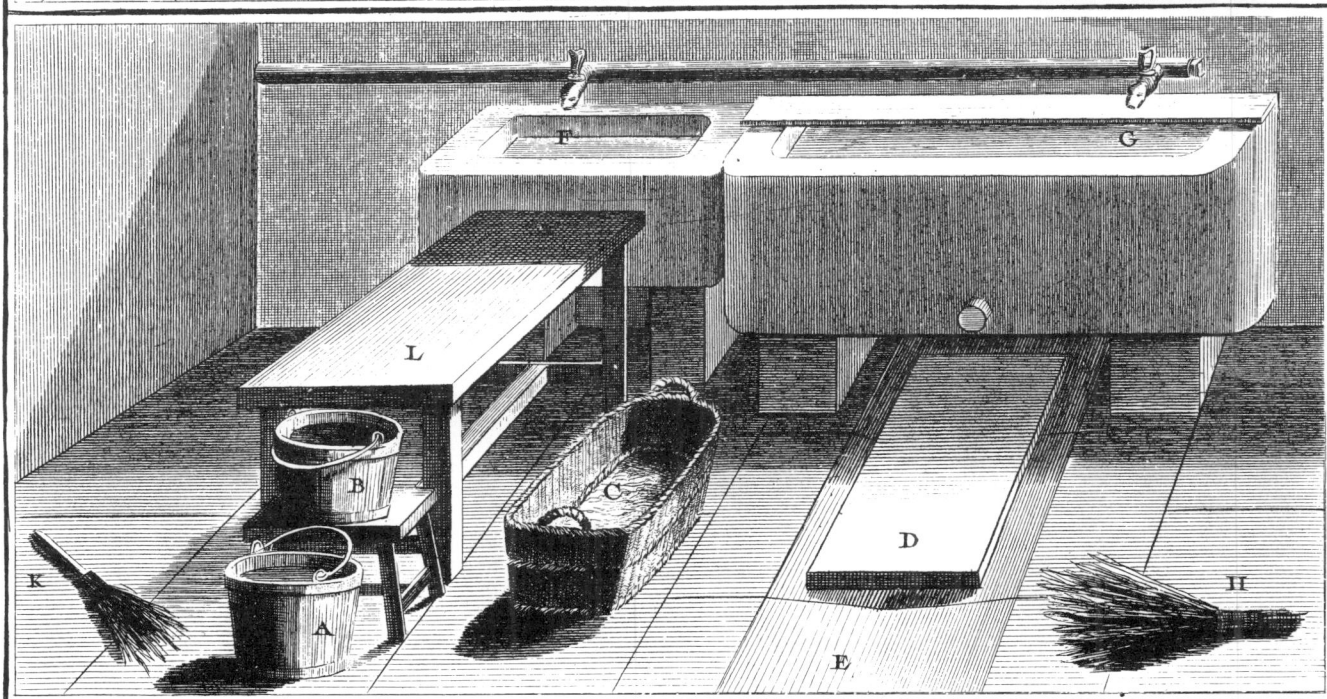

Pl. 1.

fig. 1.

fig. 2.

fig. 1.

fig. 2.

Goussier del.

Benard Fecit

OEconomie Rustique,
Fabrique du Tabac.

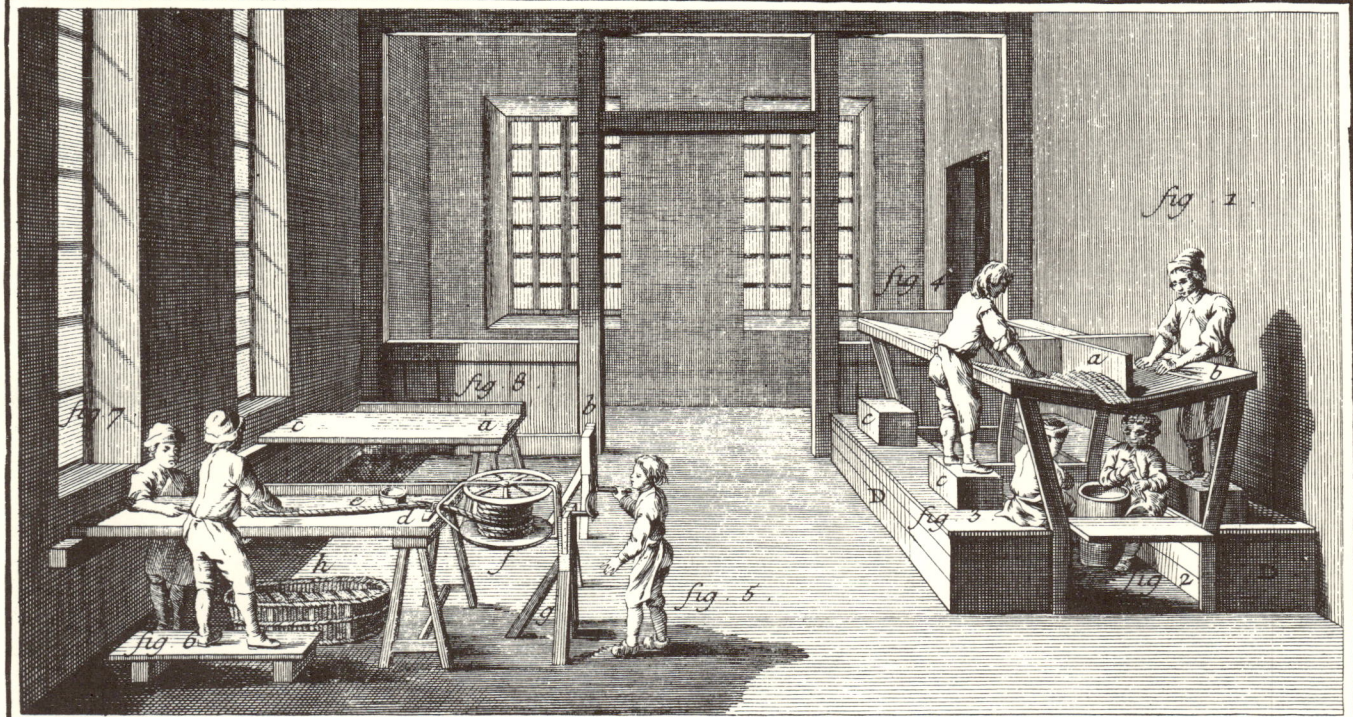

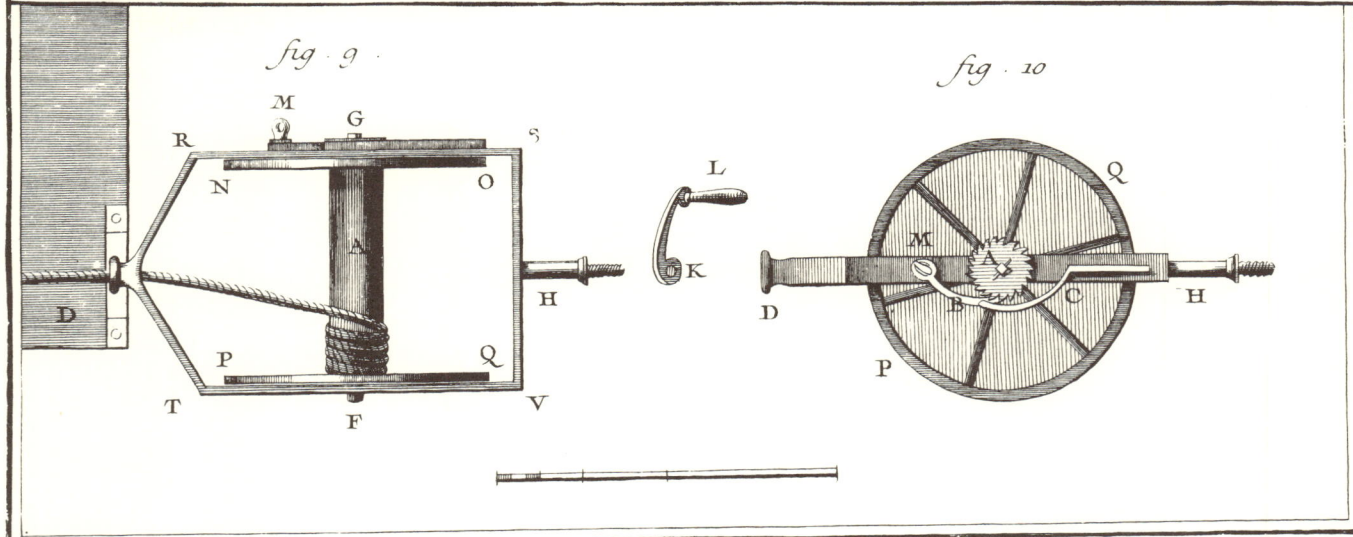

Pl. 11.

Goussier del.

Benard Fecit

Œconomie Rustique,

Fabrique du Tabac.

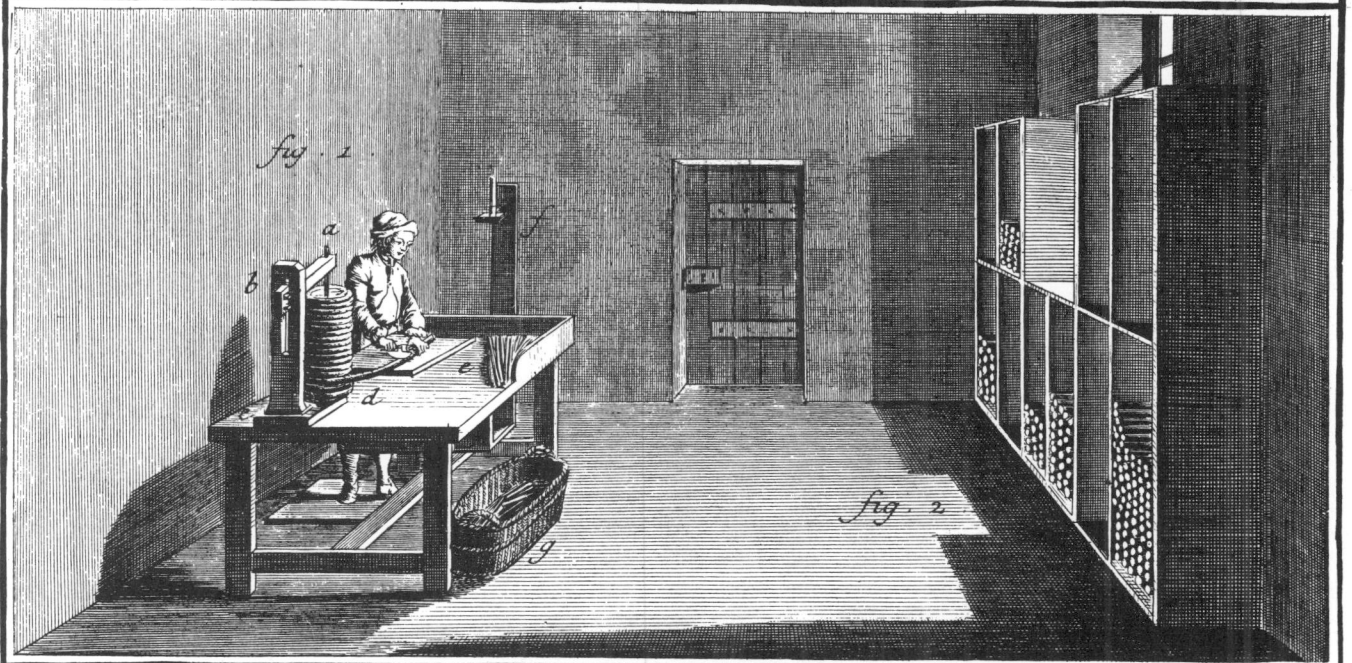

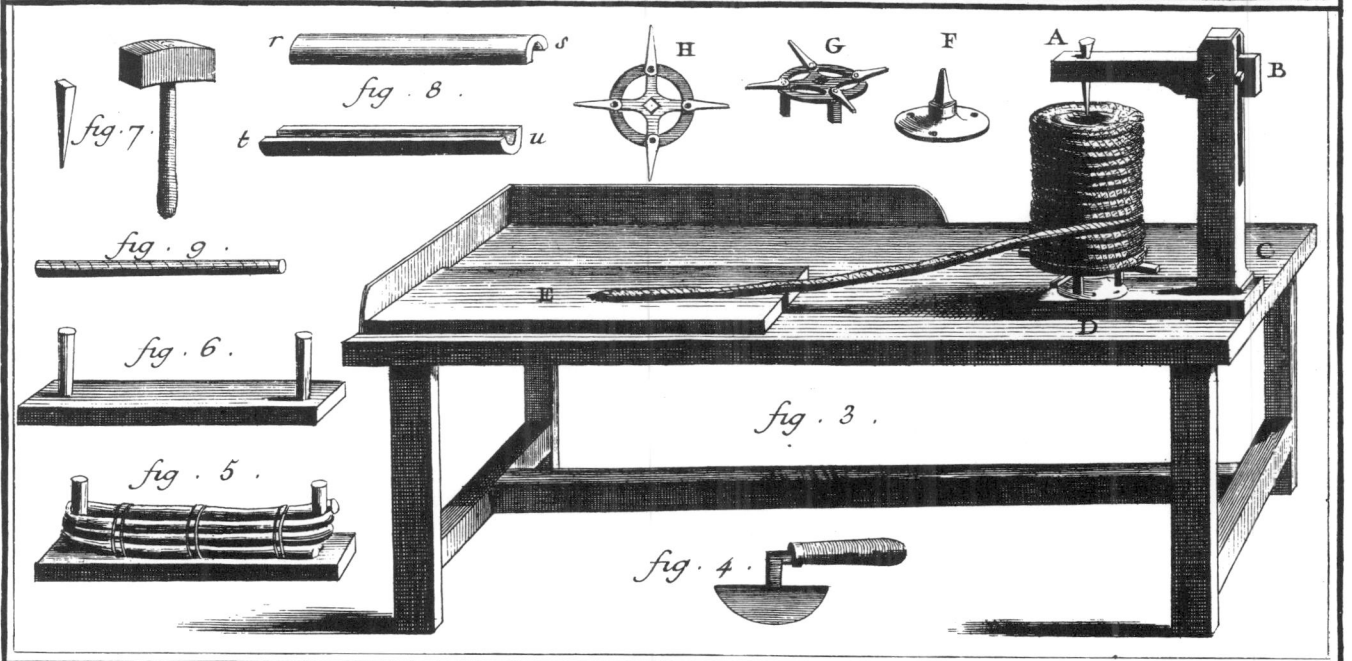

Pl. III.

Goussier del.

Benard Fecit.

OEconomie Rustique,
Fabrique du Tabac.

Pl. IV

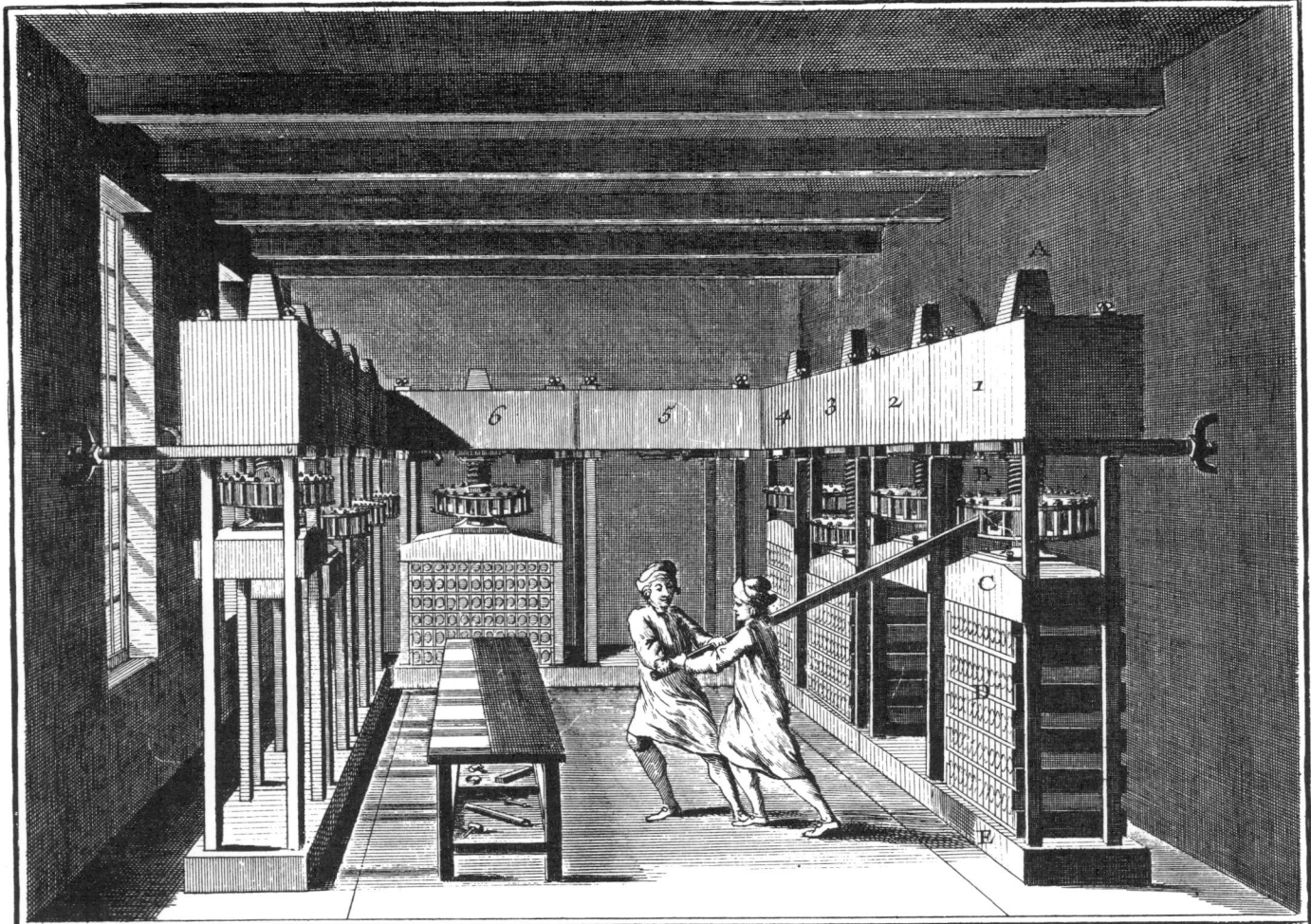

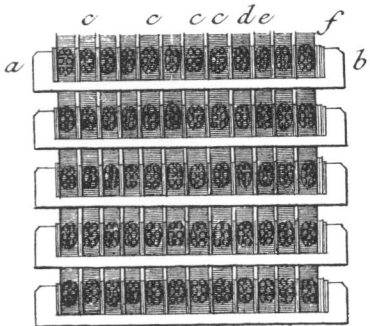

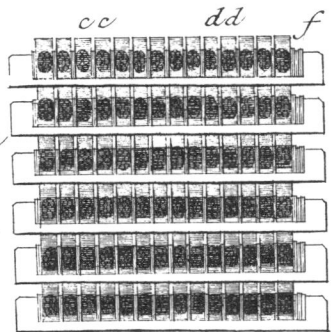

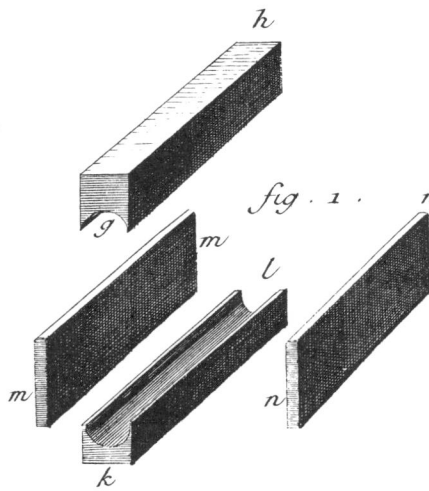

fig. 2.

fig. 3.

fig. 1.

fig. 4.

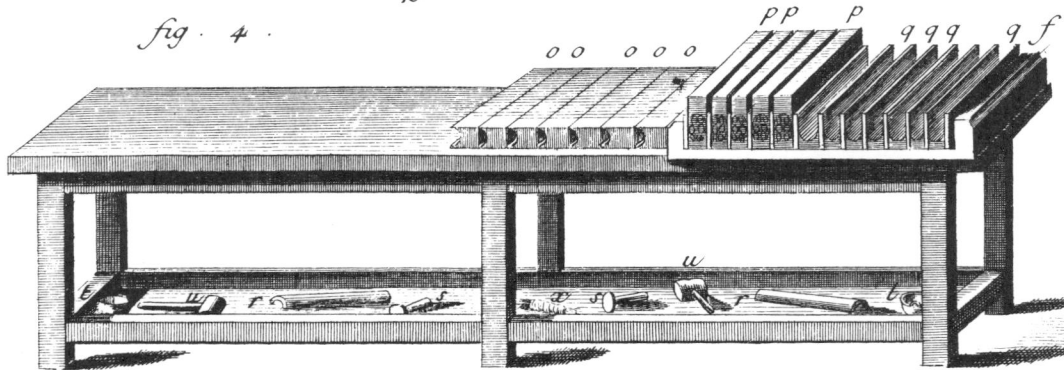

1   2   3   4   5   6   7   8   9 Peds.

Benard Fecit.

OEconomie Rustique,

Fabrique du Tabac.

Pl. V.

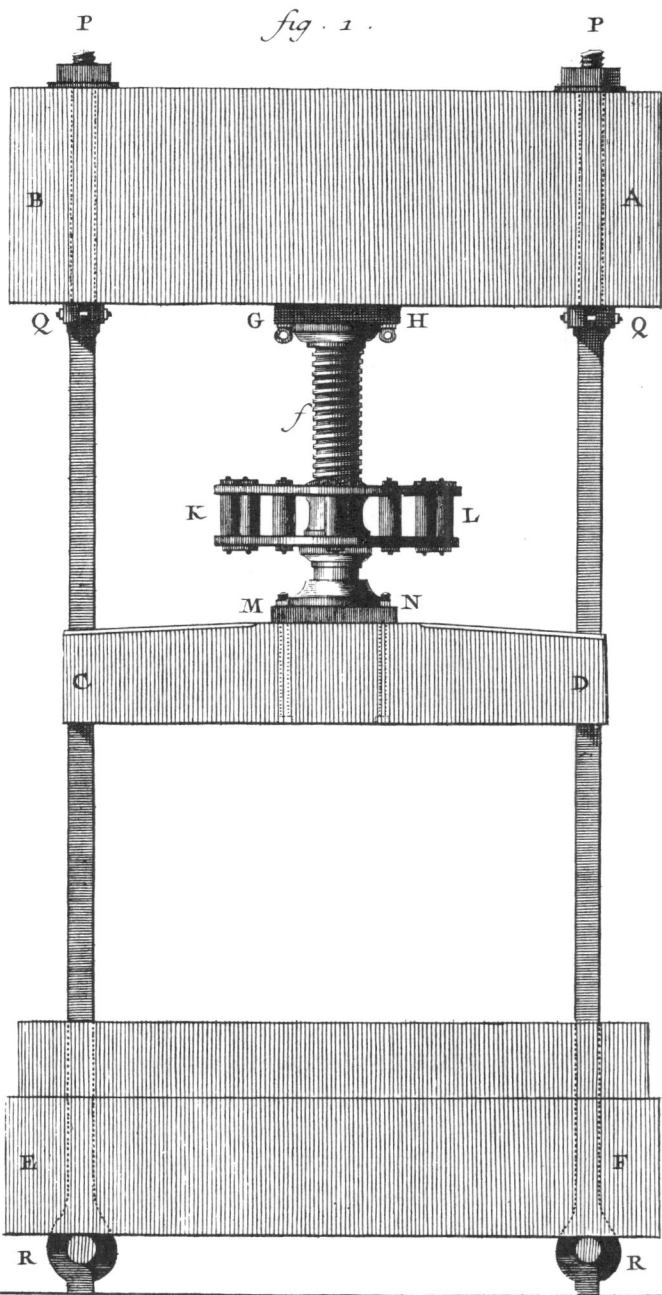

fig . 1 .

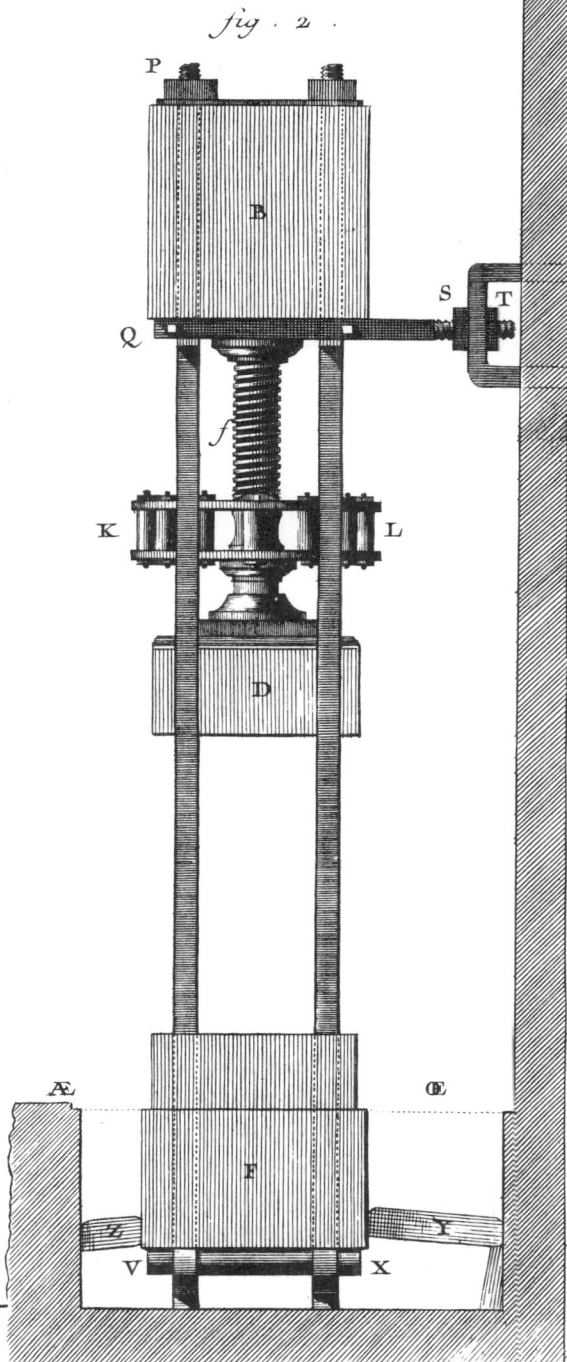

fig . 2 .

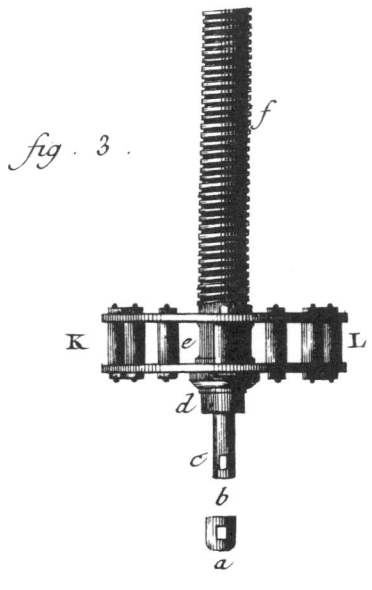

fig . 3 .

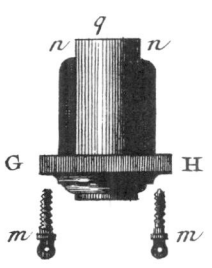

fig . 4 .

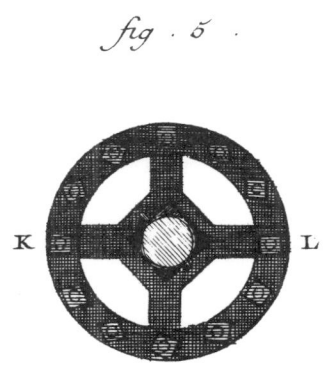

fig . 5 .

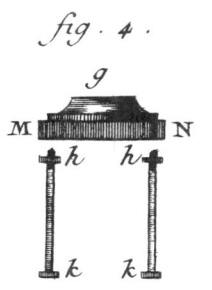

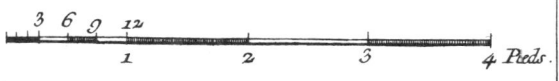

3 6 9 12
1   2   3   4 Pieds.

Benard Fecit.

OEconomie Rustique.
Fabrique du Tabac.

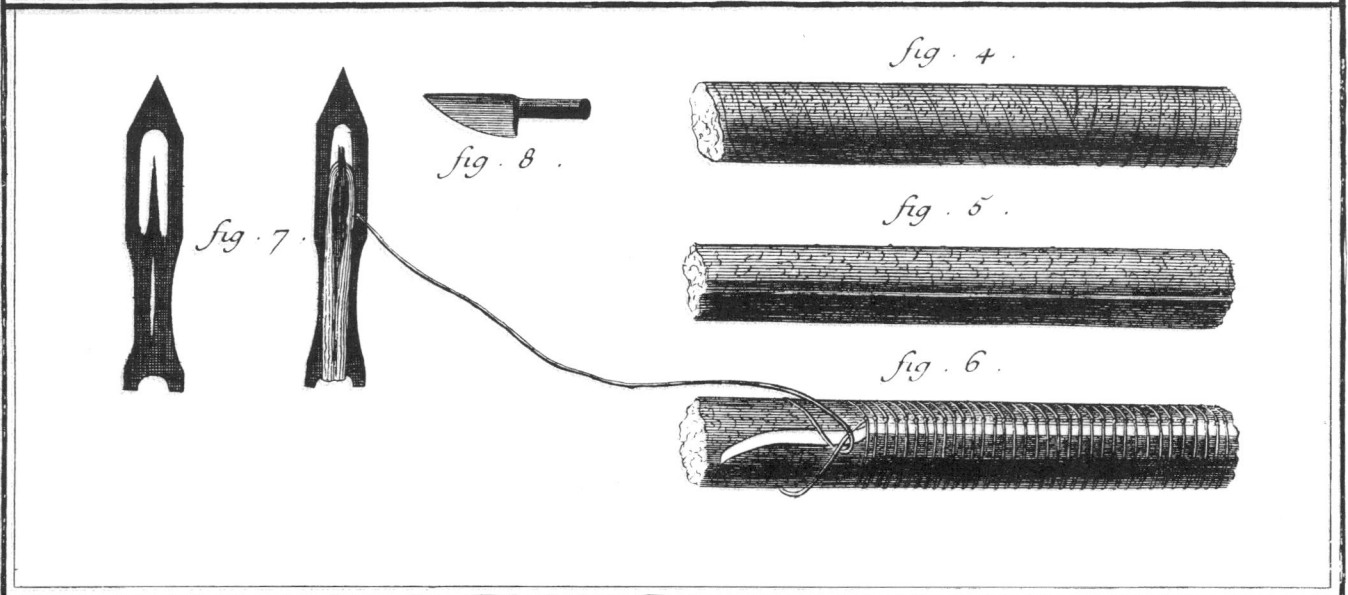

OEconomie Rustique,

Fabrique du Tabac .

Pl. I. 1.re et 2.me Division.

fig. 5

fig. 7

fig. 2

fig. 4

fig. 6

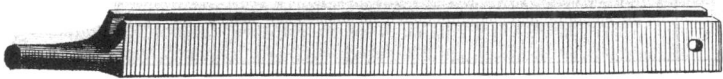

fig. 10.

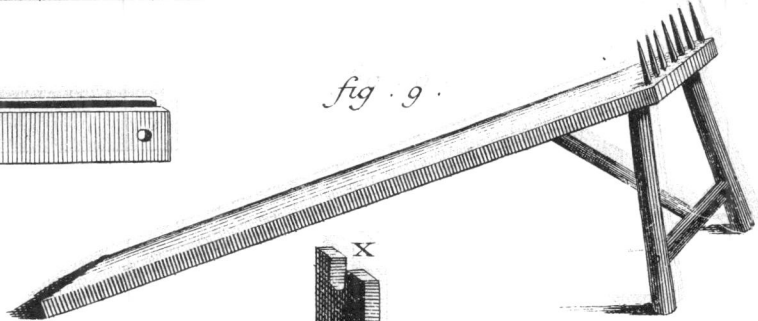

fig. 9.

fig. 11.

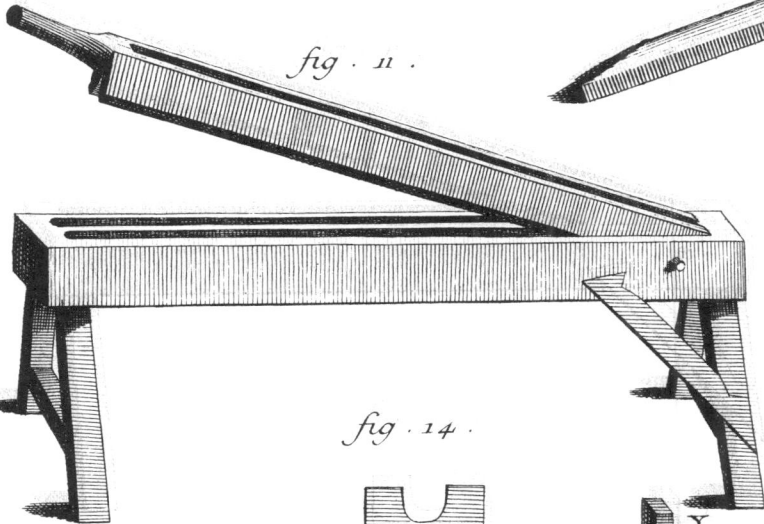

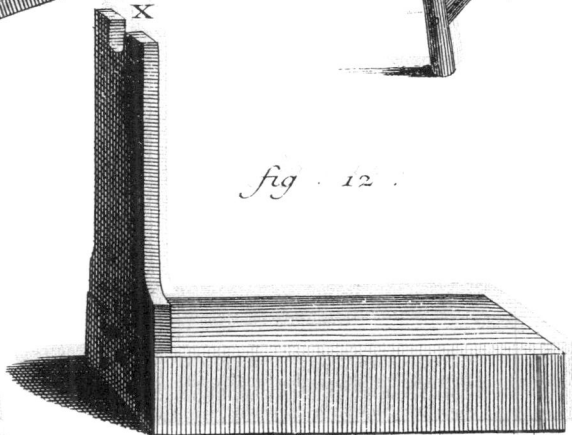

X

fig. 12.

fig. 14.

Y

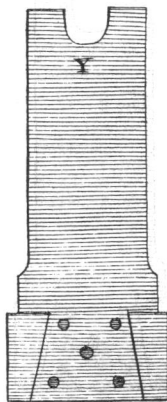

fig. 15.

A

B

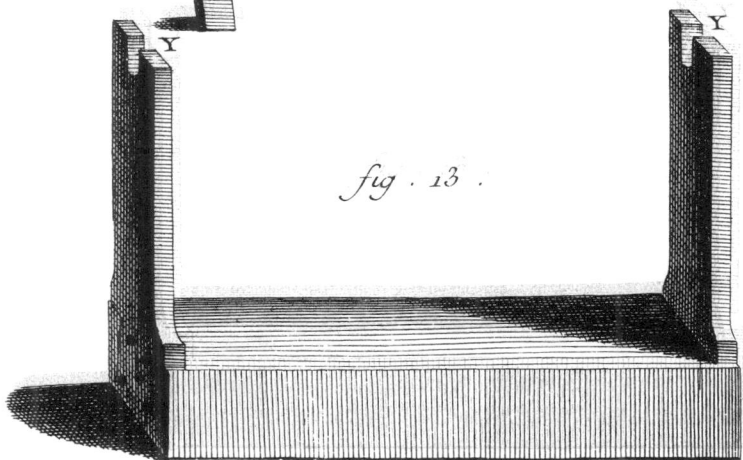

Y

Y

fig. 13.

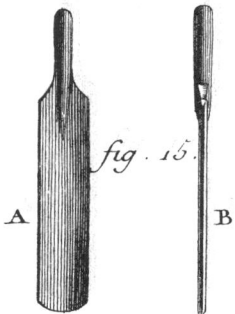

Benard Fecit.

Œconomie Rustique
Culture et Travail du Chanvre.

Pl. I. 3.me Division.

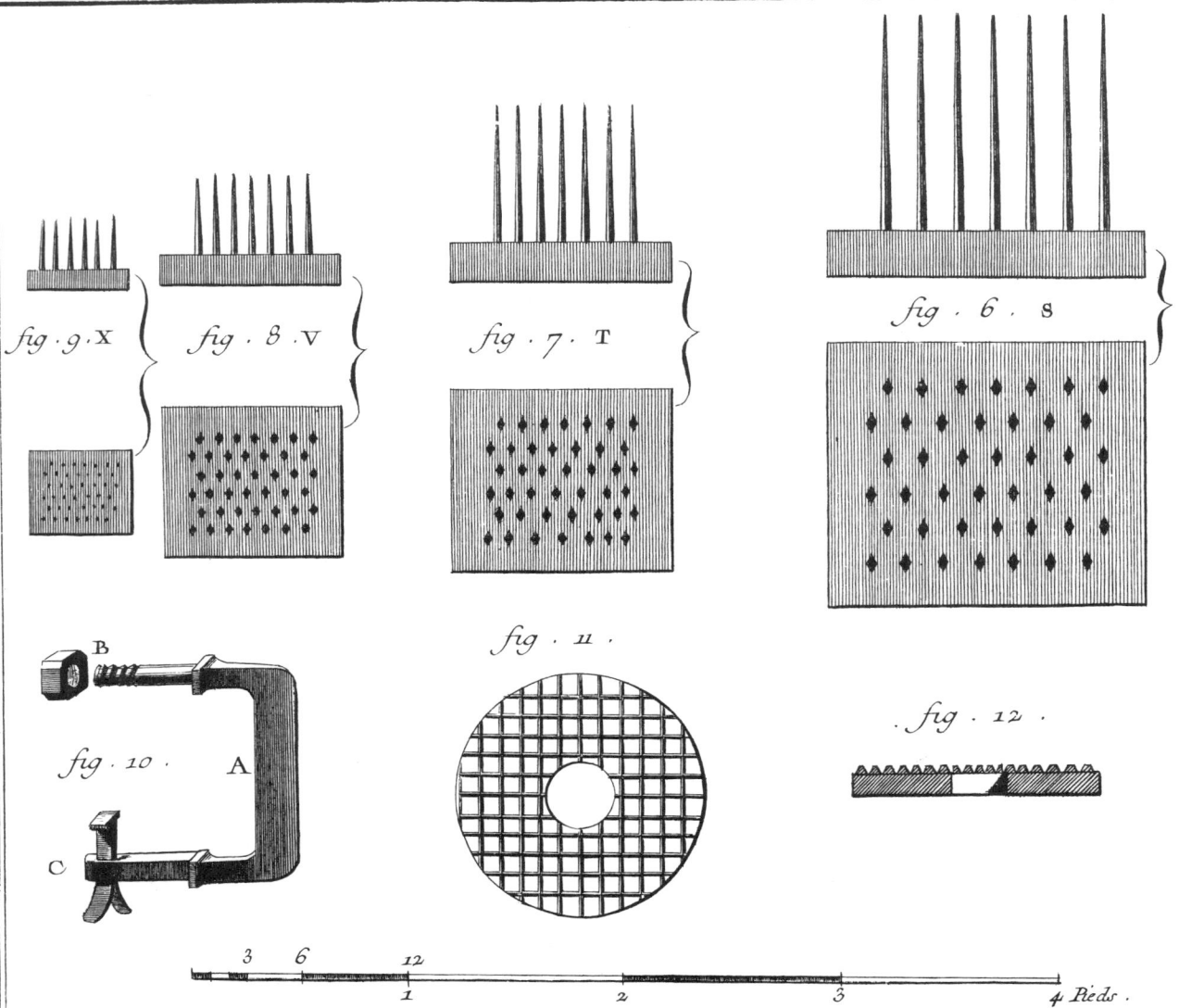

fig. 9. X fig. 8. V fig. 7. T fig. 6. S

fig. 10. fig. 11. fig. 12.

3 6 12 1 2 3 4 Pieds.

Benard Fecit.

OEconomie Rustique

Culture et Travail du Chanvre.

fig. 1

fig. 3

fig. 4

fig. 5

fig. 2

Benard Fecit.

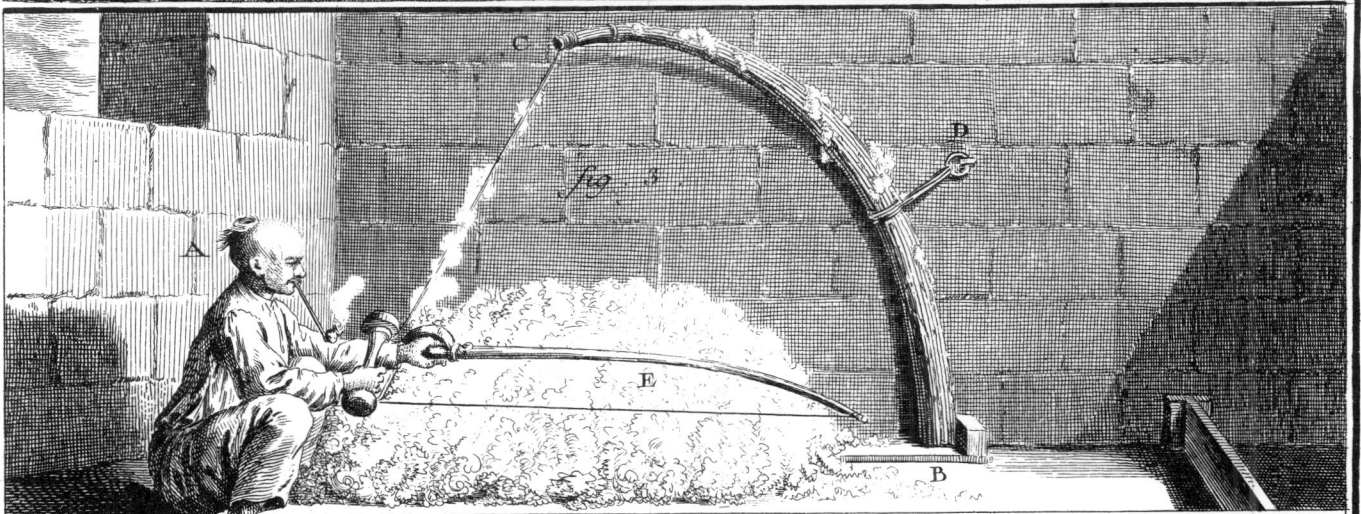

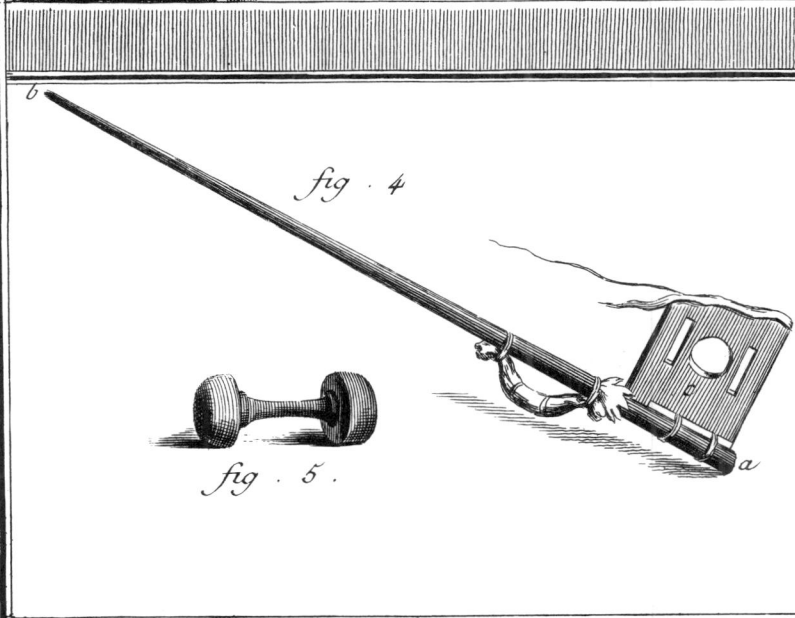

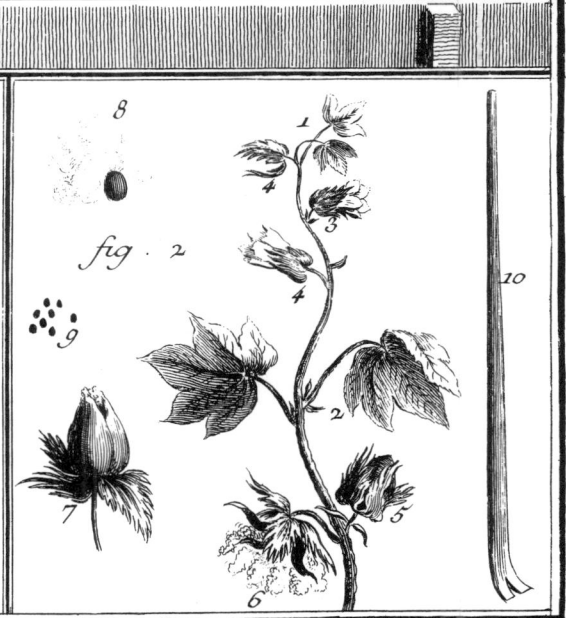

OEconomie Rustique,
Culture et Arsonnage du Coton.

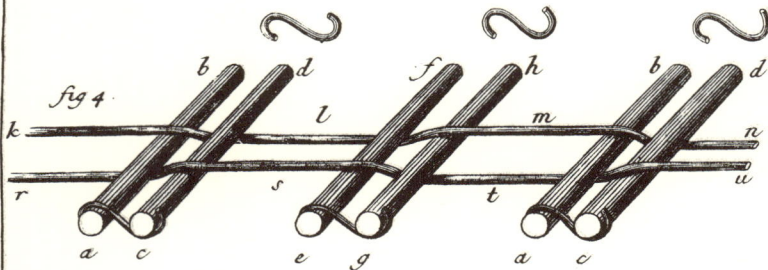

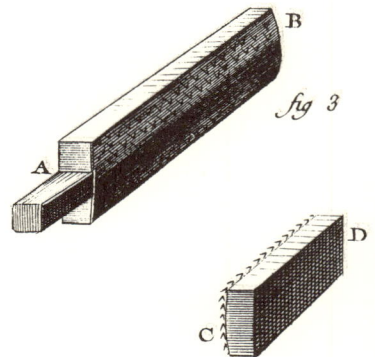

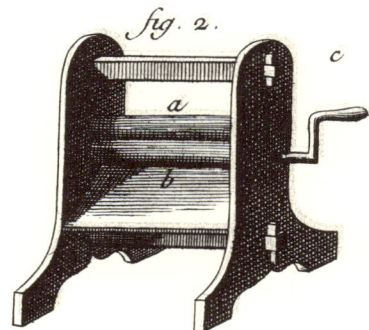

Goussier del.

Benard Fecit.

OEconomie Rustique, Coton.

Pl. II.

figure . 1.ᵉʳᵉ

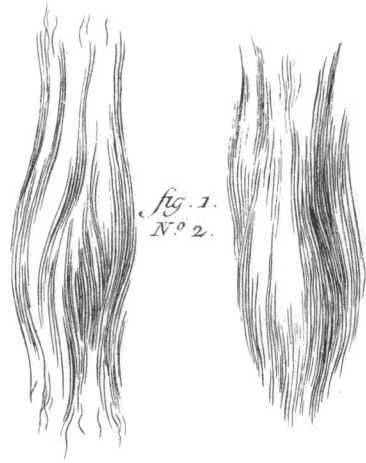

fig . 1.
N.º 2.

fig . 2 .

fig . 5 .

fig . 3 .

fig . 6 .

fig . 4 .

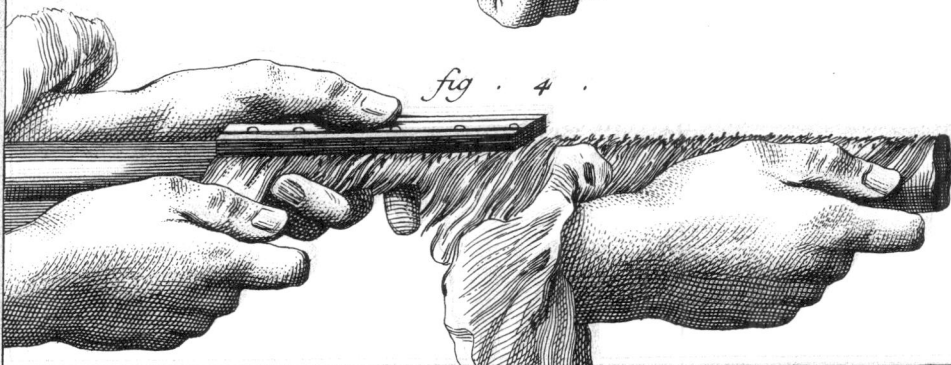

Benard Fecit.

OEconomie Rustique, Coton.

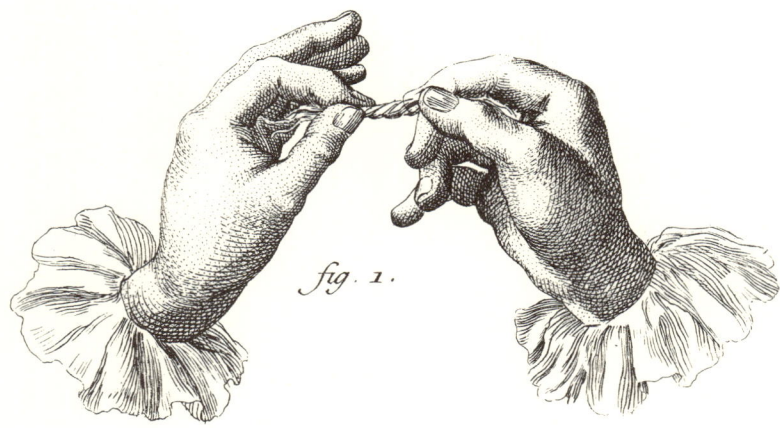

fig. 1.

fig. 4.

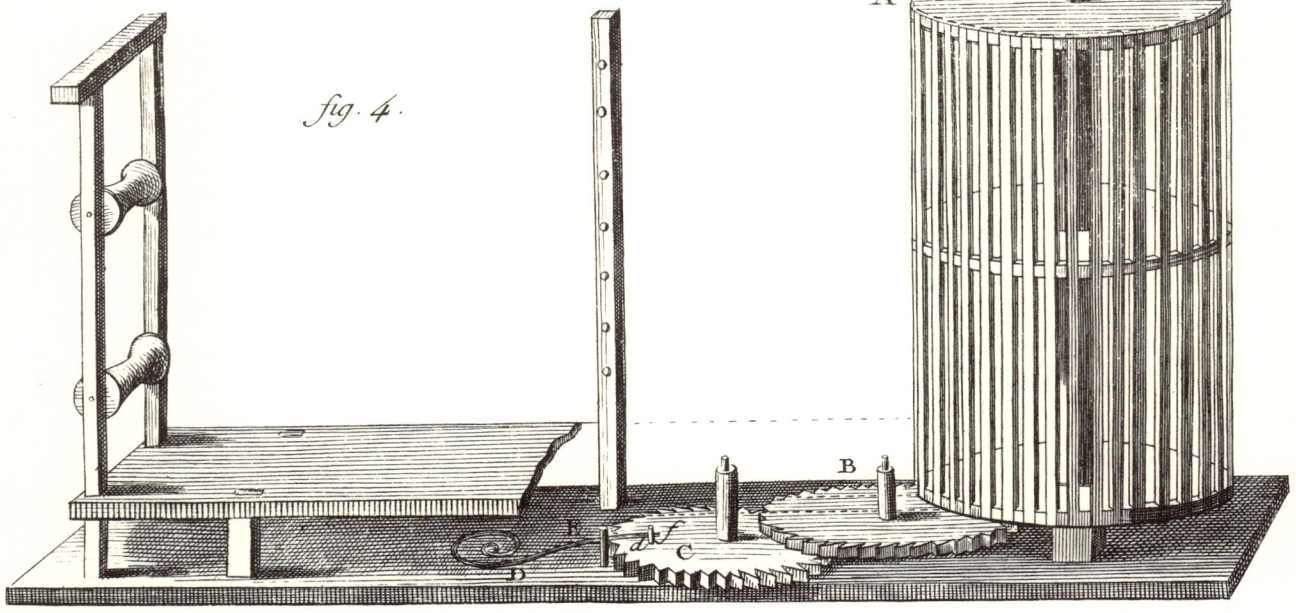

fig. 3.

fig. 2.

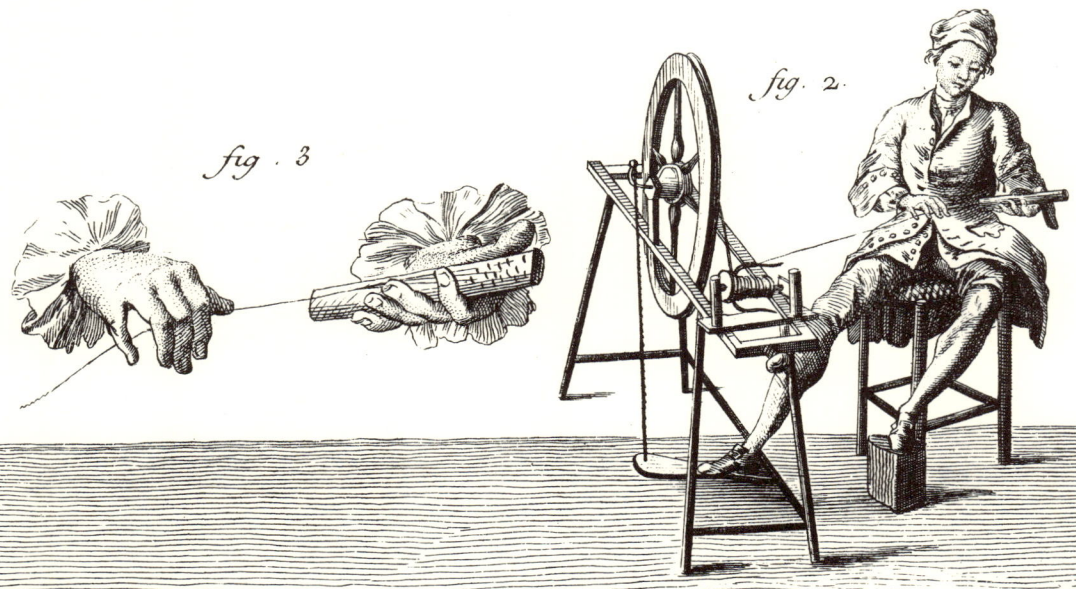

Benard Fecit.

Œconomie Rustique, Coton.

Pl. III.

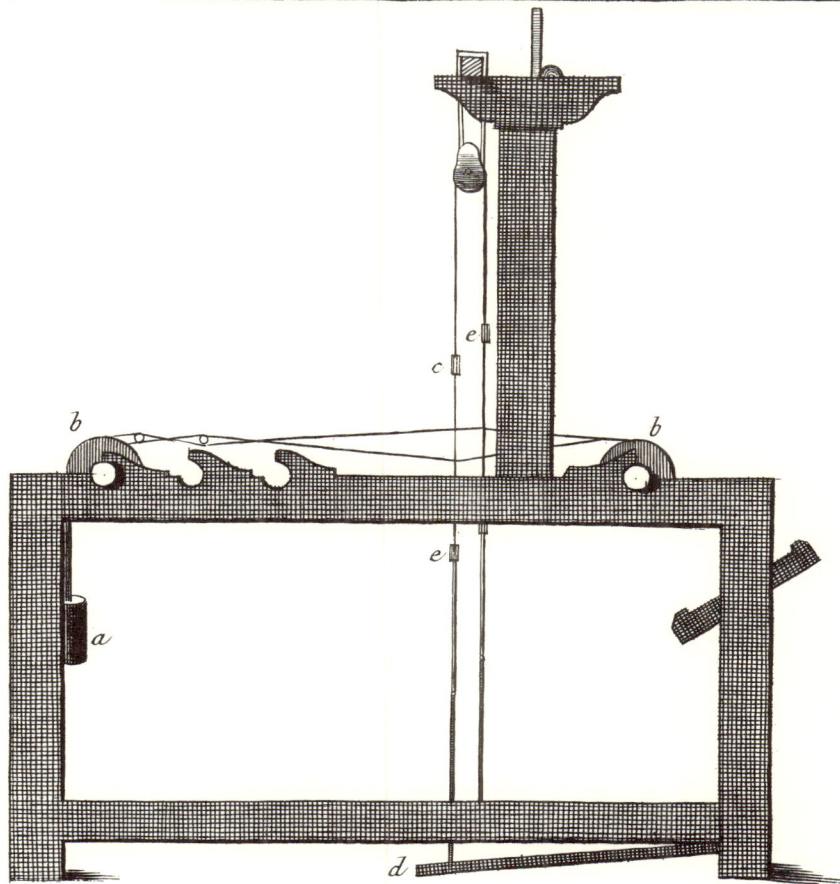

Goussier del.   Benard Fecit.

OEconomie Rustique, Coton.

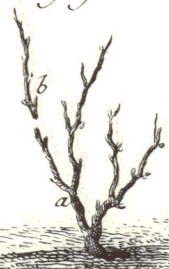

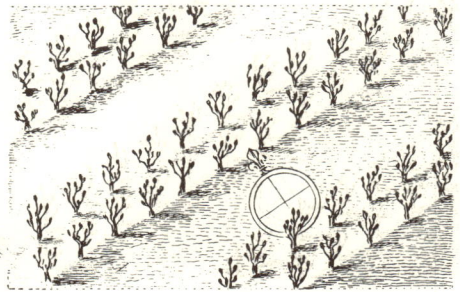

figure . 1. *fig . 2.* *fig . 3.* *fig . 7.* *fig . 5.* *fig . 6.* *fig . 4.* *fig . 8.* *fig . 9.* *fig . 10.* *fig . 11.* *fig . 12.* *fig . 13.*

Benard Fecit

Agriculture, Culture de la Vigne.

fig. 14.

fig. 15.

fig. 16.

fig. 17.

fig. 18.

fig. 19.

fig. 20.

fig. 21.

fig. 22.

fig. 23.

fig. 24.

fig. 25.

fig. 26.

fig. 28.

fig. 29.

fig. 27.

fig. 31.

fig. 32.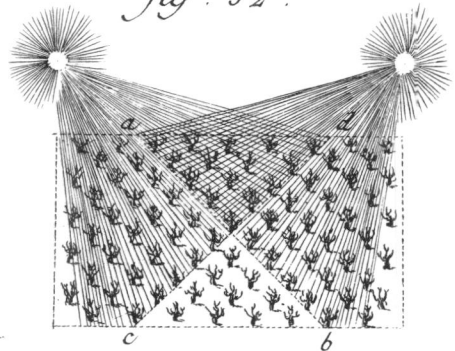

fig. 30.

fig. 34.

fig. 33.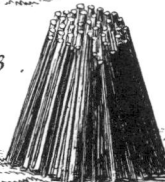

fig. 35.

Benard Fecit

Agriculture, Culture de la Vigne.

Pl. I.

fig. 1.

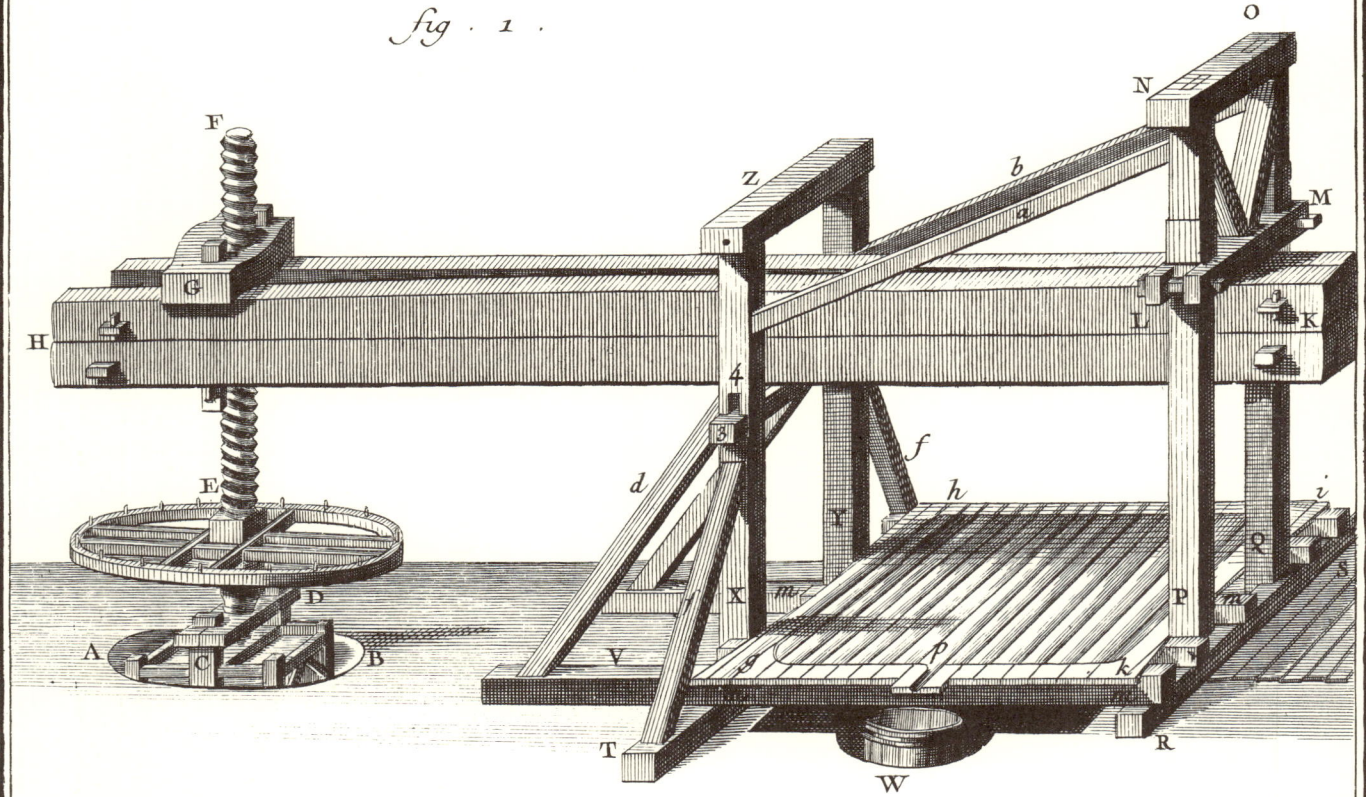

fig. 2.

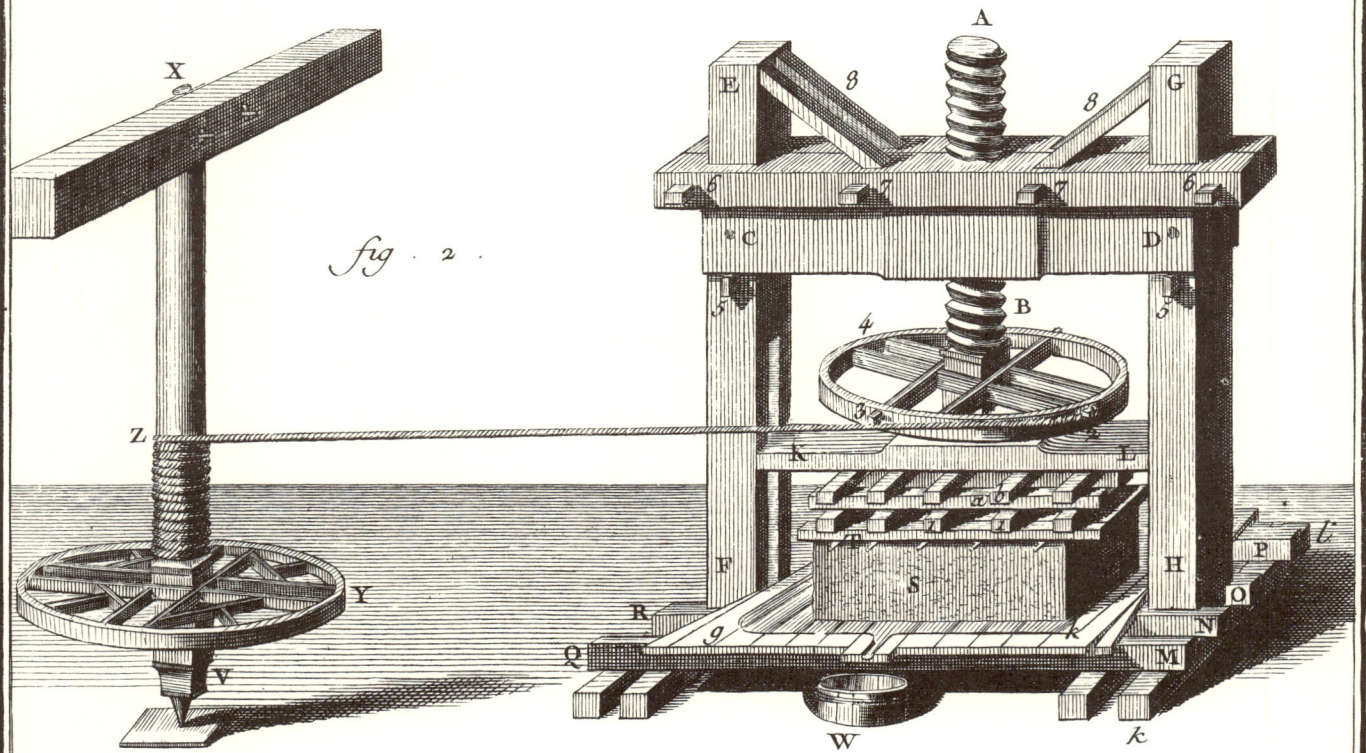

Goussier del.

Benard Fecit.

OEconomie Rustique, Pressoirs.

Pl. 11.

OEconomie Rustique,
Pressoir.

Bŕard Fecit.

Pl. III.

fig. 1.

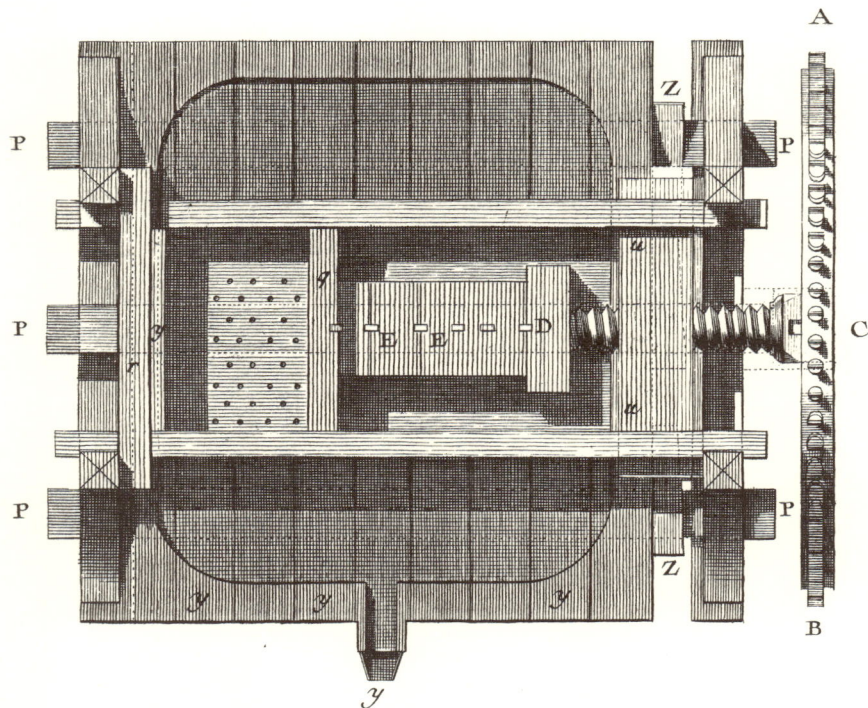

fig. 2.

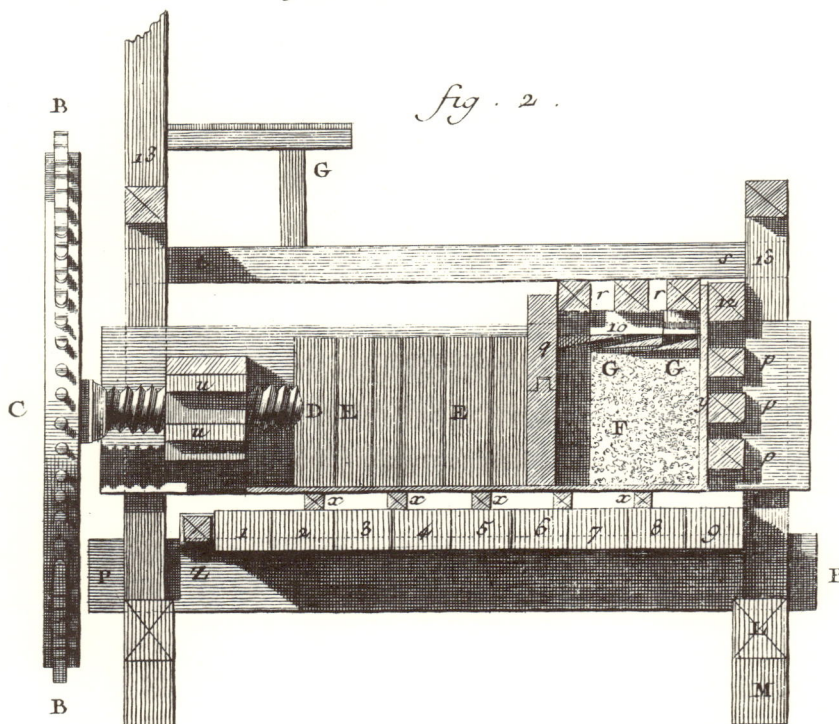

1 2 3 4 5 6   12 Pieds

OEconomie Rustique,
Pressoir.

Benard Fecit.

Pl. 1.

fig . 1 .

fig . 2 .

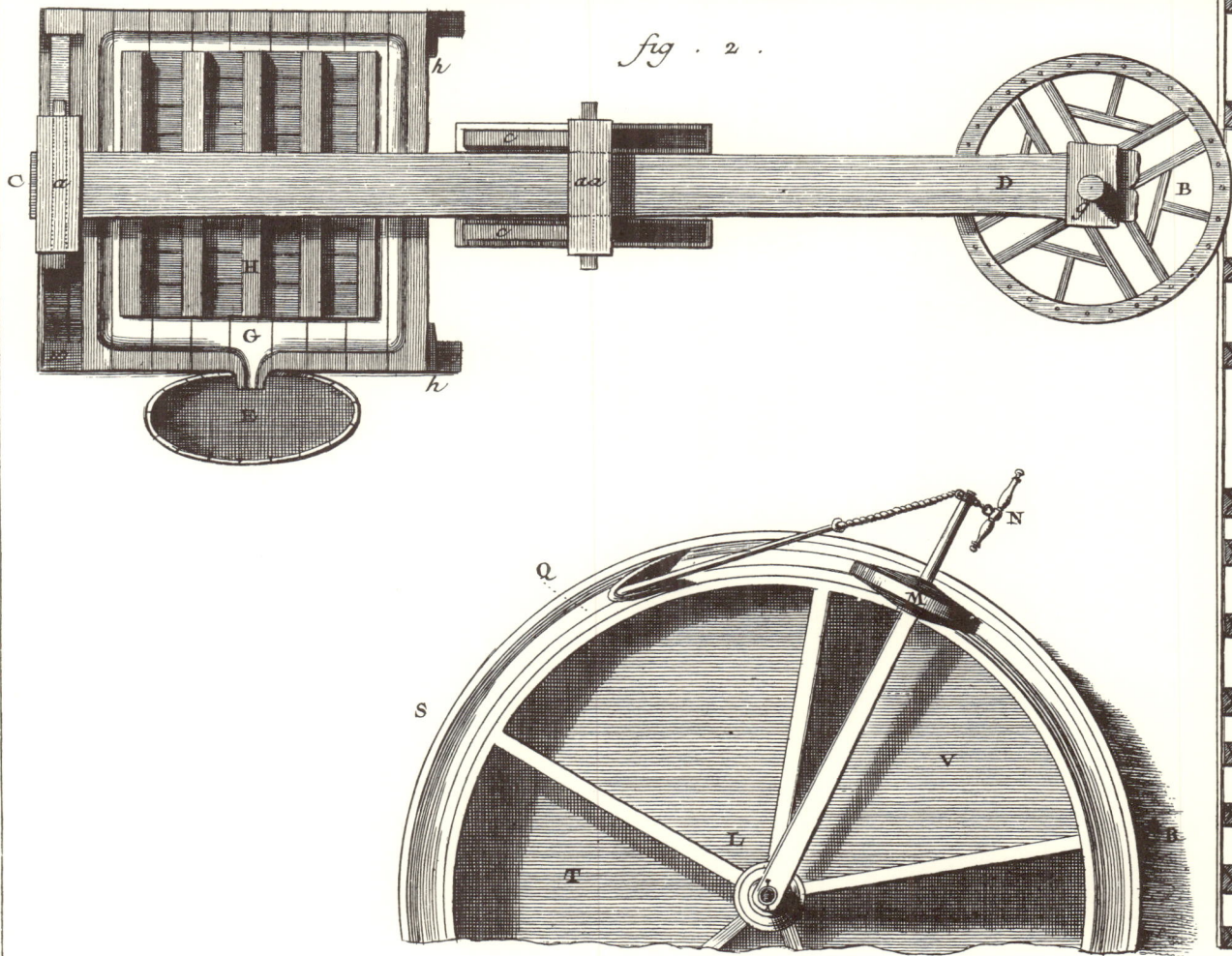

Echelle de quatre Toises.

Goussier Del.

Benard Fecit.

OEconomie Rustique,
Pressoir a Cidre.

Pl. II.

fig. 3.

fig. 4.

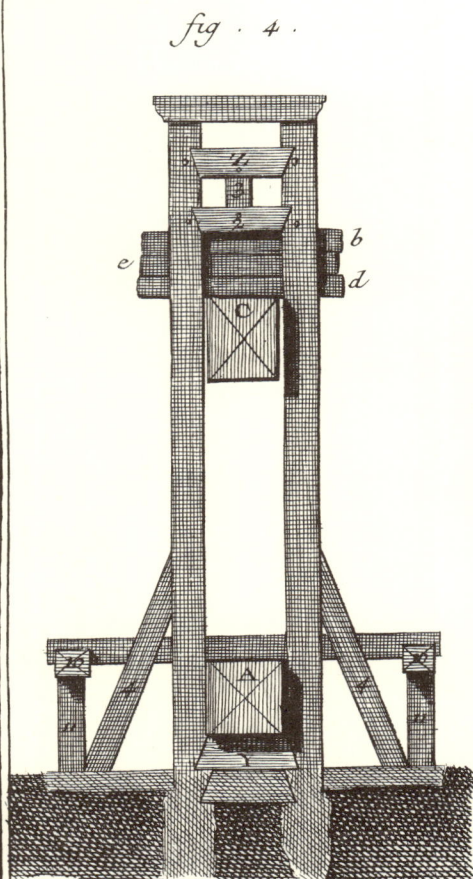

fig. 5.

fig. 6.

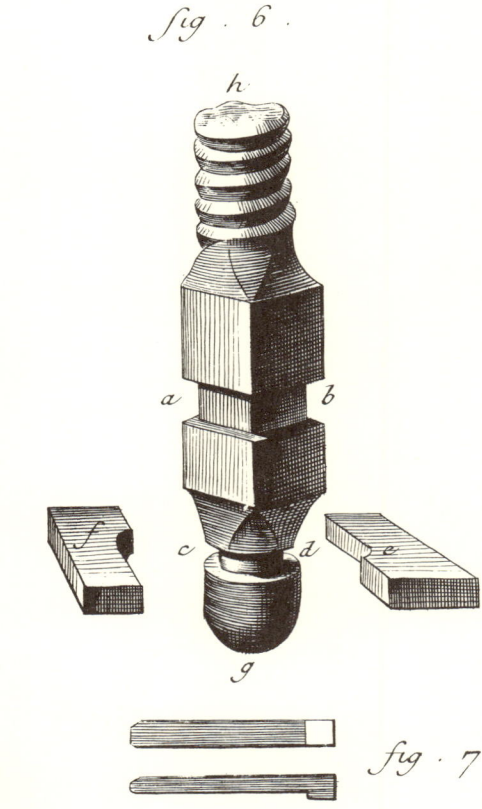

fig. 7.

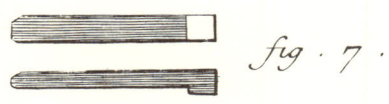

1 2 3   6   12   18   24 Pieds.

Goussier del.

Benard Fecit.

OEconomie Rustique,
Pressoir a Cidre.

figure . 1ère

fig . 2 . fig . 3 .

fig . 5 . fig . 4 .

Goussier del. Benard Fecit.

OEconomie Rustique, Indigoterie et Manioc.

Pl. I.

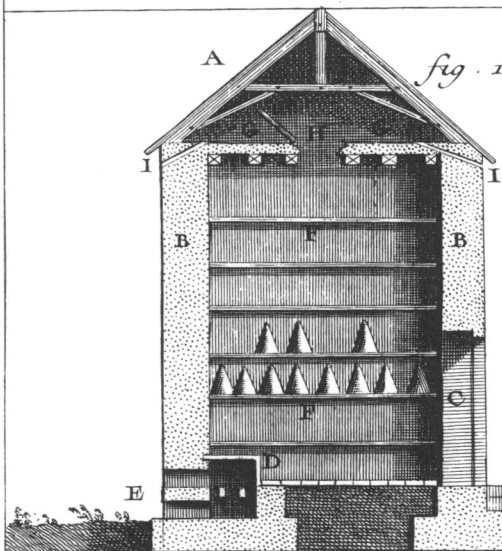

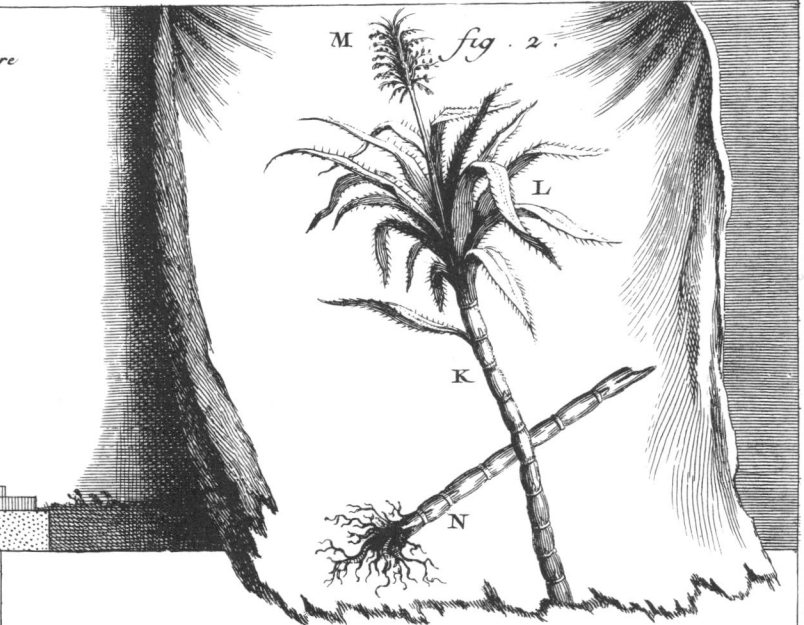

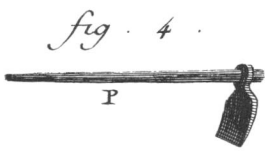

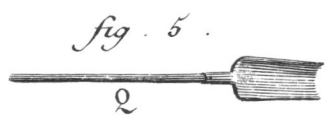

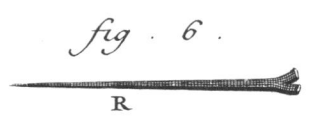

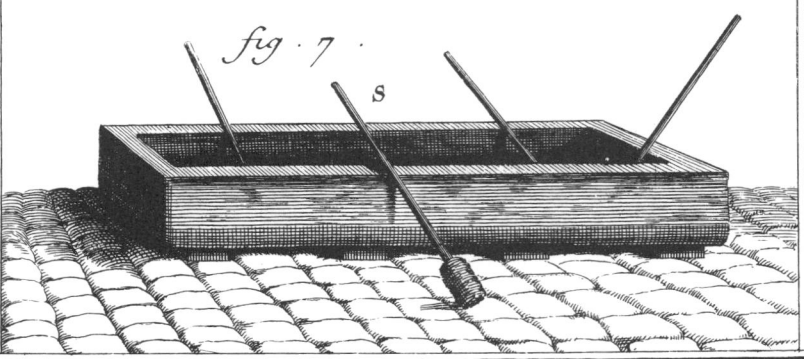

OEconomie Rustique,
Sucrerie.

Benard Fecit

Pl. II.

figure. 1.ere

fig. 2.

Benard Fecit

OEconomie Rustique;
Sucrerie

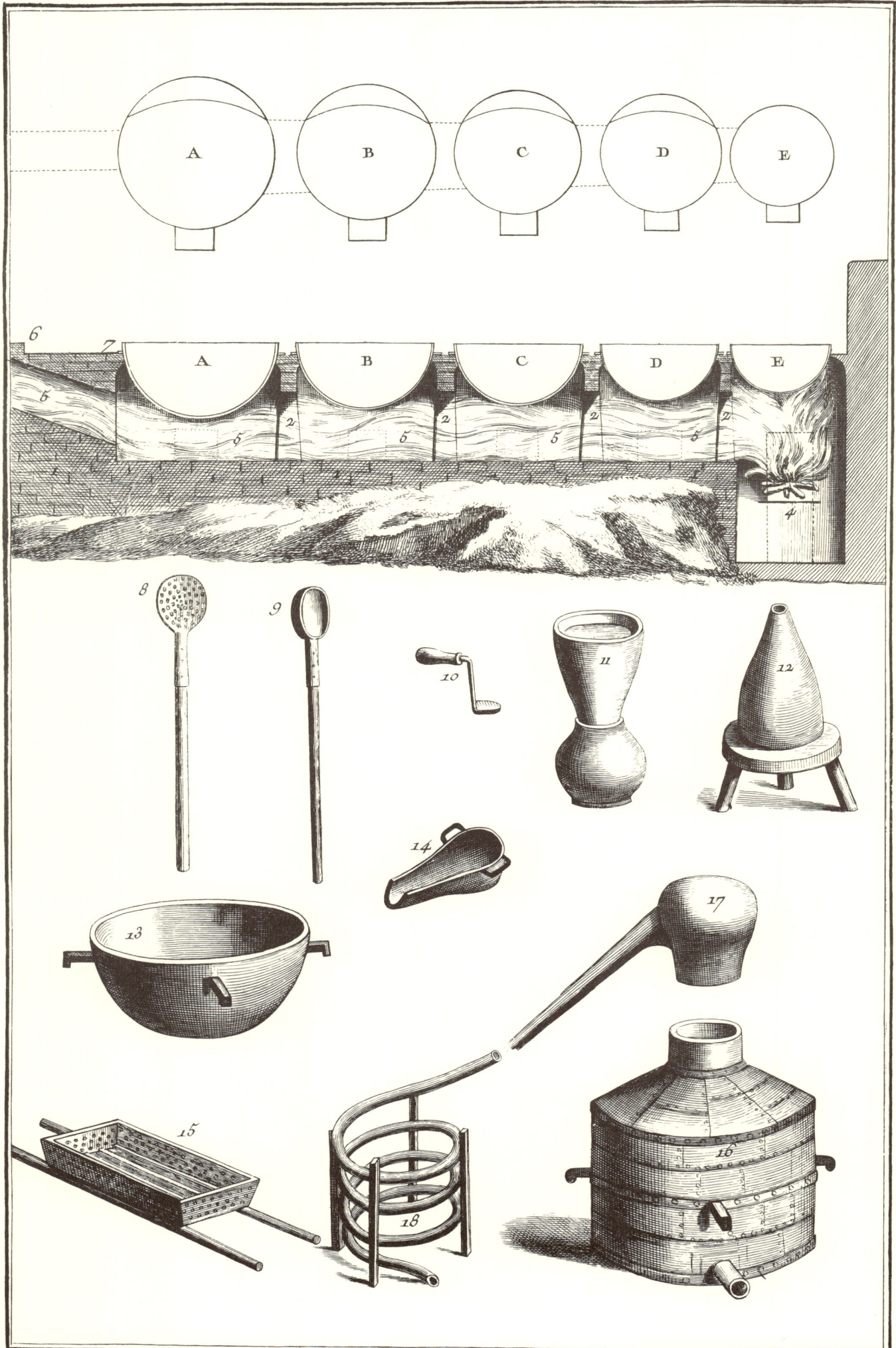

Pl. III.

OEconomie Rustique,

Sucrerie.

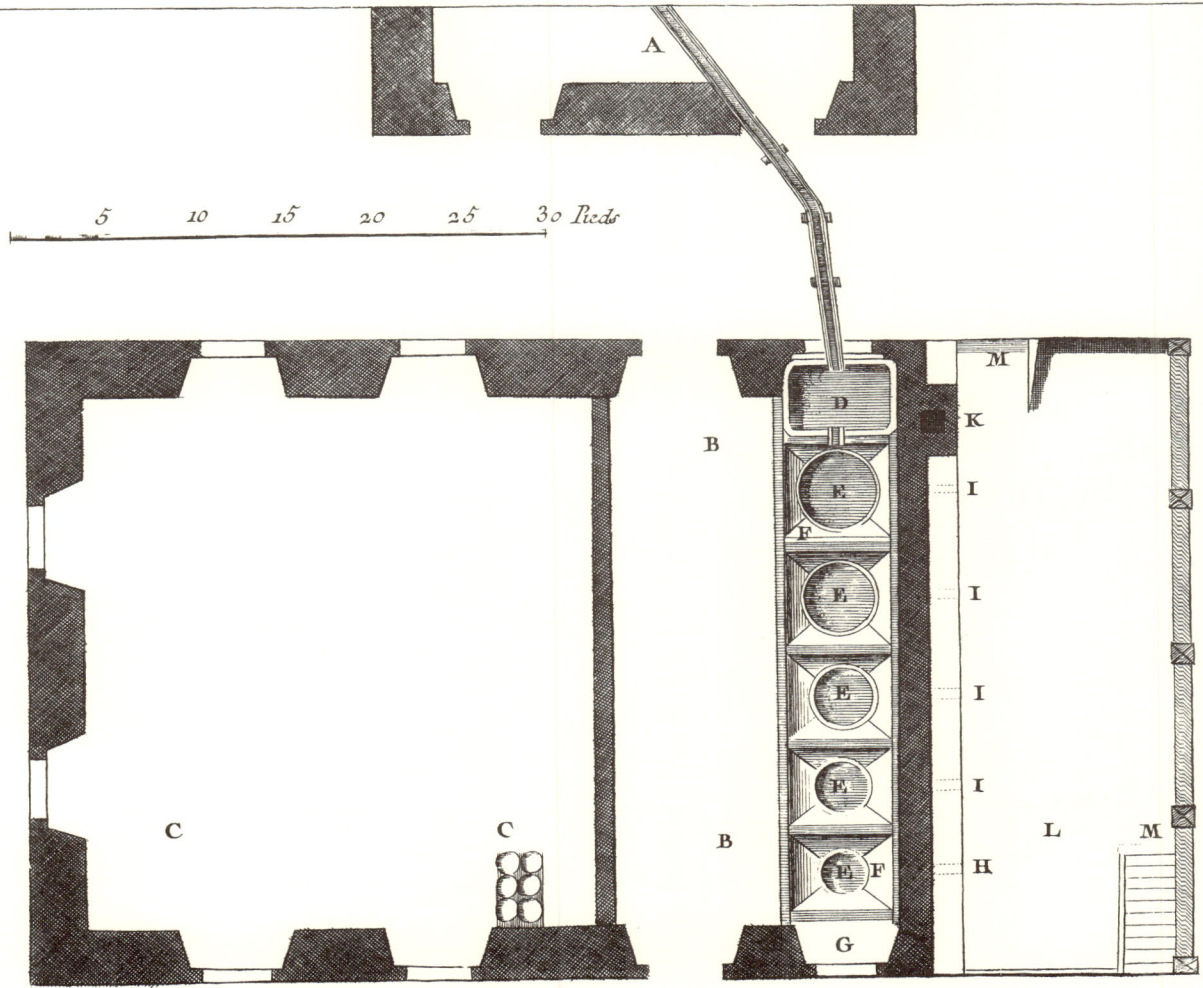

Pl. IV.

Goussier del.

Benard Fecit.

OEconomie Rustique,
Sucrerie.

Pl. V.

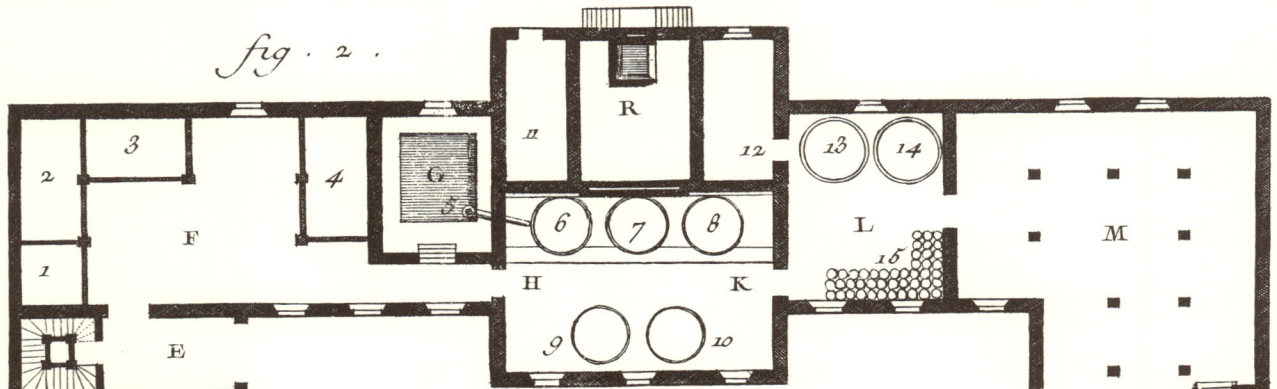

fig. 2.

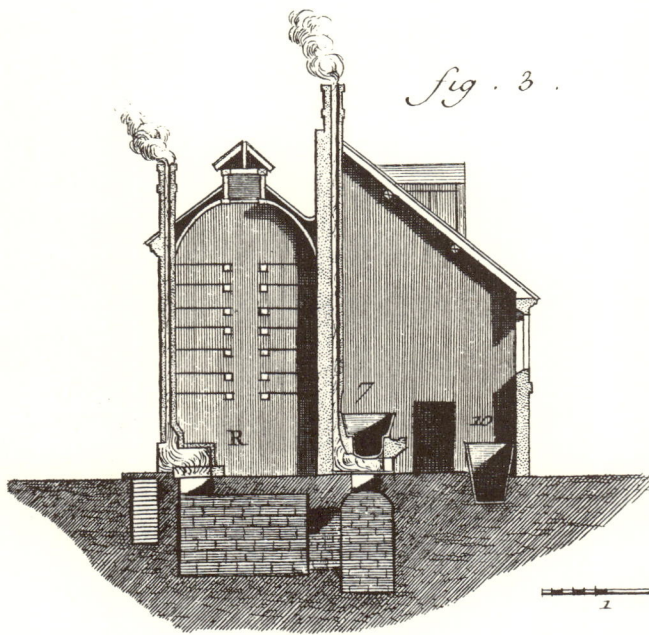

fig. 3.

OEconomie Rustique,
Affinerie des Sucres.

Goussier del.

Benard Fecit.

Pl. VI.

fig. 2.   fig. 1.

fig. 10.   fig. 8.

fig. 7.

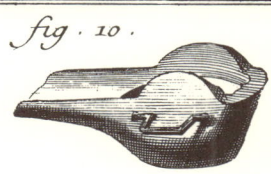

fig. 4.

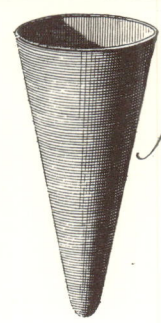

fig. 6.

fig. 9.

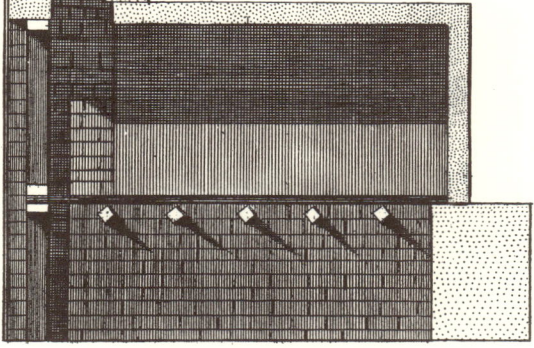

fig. 5.

fig. 3.

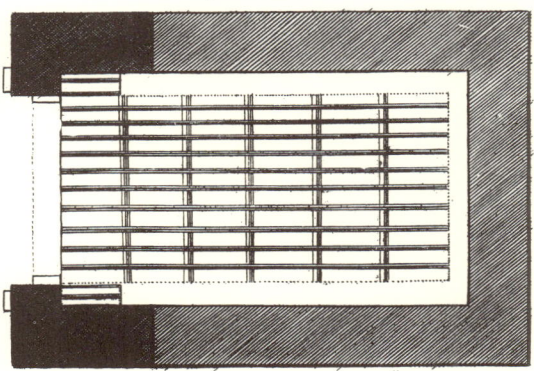

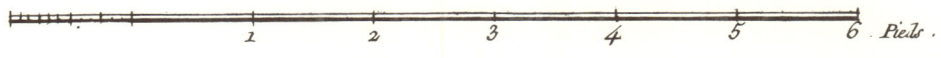

1   2   3   4   5   6 Pieds.

Goussier del.   Benard Fecit.

OEconomie Rustique,
Affinerie des Sucres.

Pl. VII.

Goussier del.

Benard Fecit

OEconomie Rustique,
Affinerie des Sucres

fig. 4.

fig. 3.

fig. 5.

fig. 6.

fig. 7.

fig. 6. N.º 2.

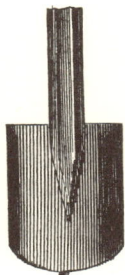

fig. 11.

fig. 8.

fig. 12.

fig. 9.

fig. 13.

fig. 10.

fig. 14.

fig. 16.

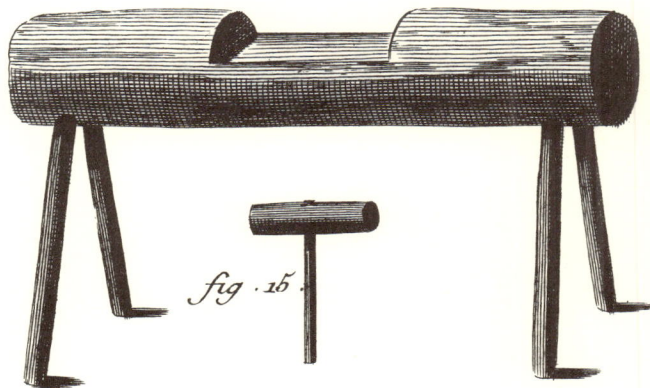

fig. 18.

fig. 15.

fig. 17.

1   2   3   4   5. Pieds.

Goussier Del.

Benard Fecit.

OEconomie Rustique,

Maniere de faire les Sabots, et les Echalats.

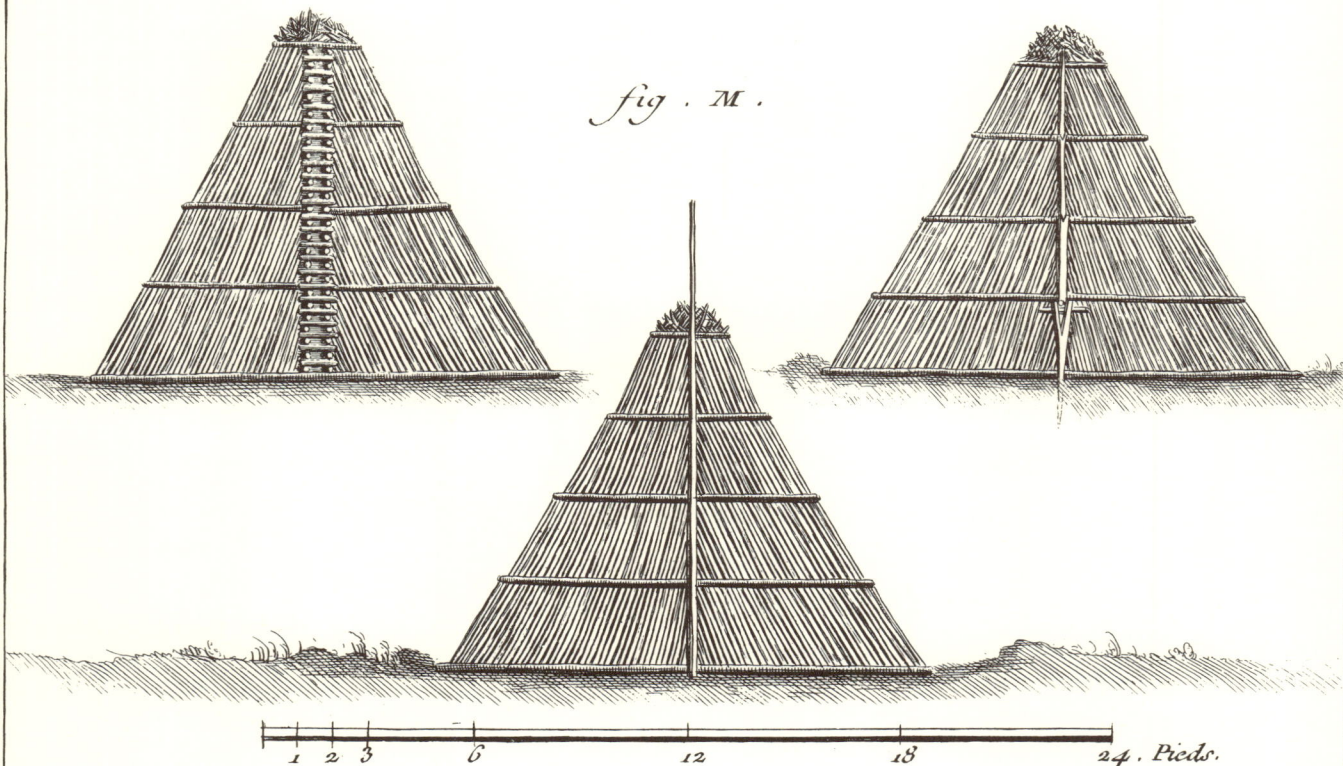

Pl. 1.

fig. N.   fig. L.

fig. M.

1 2 3   6   12   18   24. Pieds.

Goussier del.   Benard Fecit.

OEconomie Rustique, Charbon de Bois.

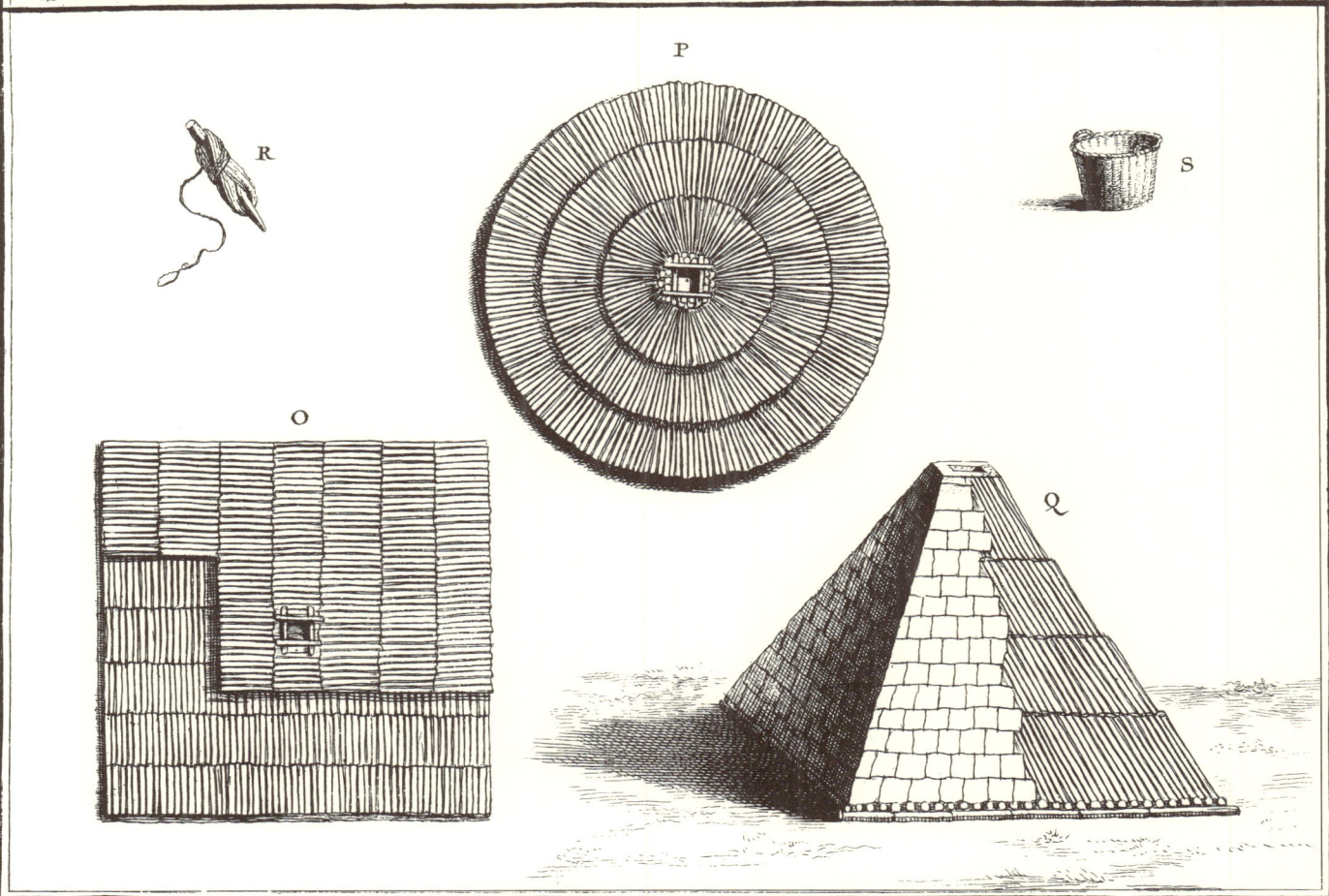

Pl. II.

Goussier del.

Benard Fecit

OEconomie Rustique, Charbon de Bois.

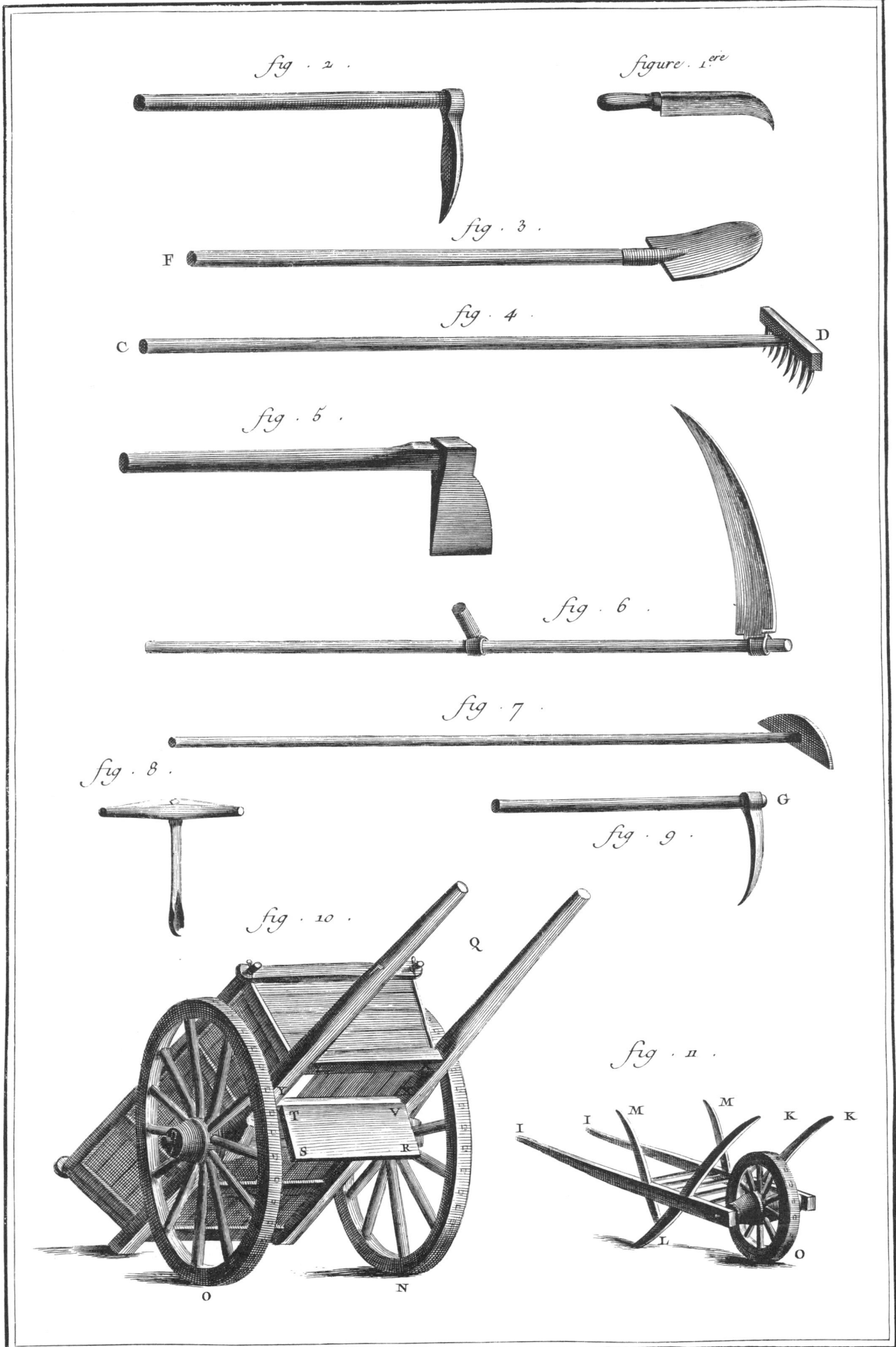

Pl. III.

fig. 2.

figure 1.ere

fig. 3.

F

fig. 4.

C

D

fig. 5.

fig. 6.

fig. 7.

fig. 8.

G

fig. 9.

fig. 10.

Q

Y

T V

S R

I

I

M

M

K

K

fig. 11.

L

O

O

N

Goussier del

Benard Fecit

OEconomie Rustique, Charbon de Bois.

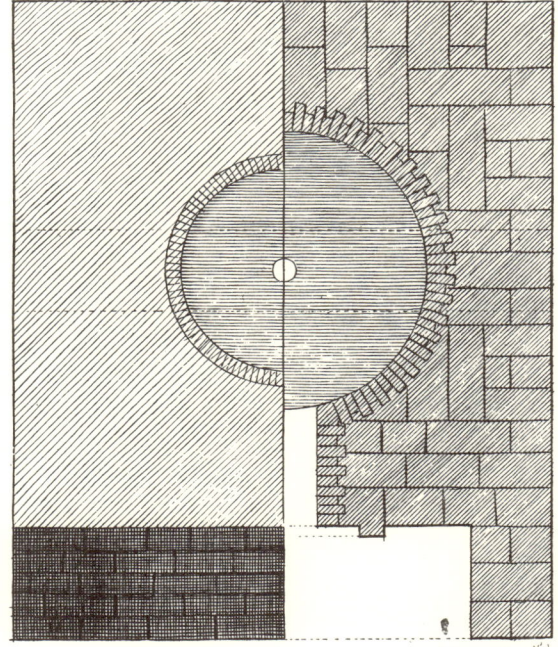

fig. 3. et fig. 4.

fig. 2.

fig. 5.

Goussier del.

Benard Fecit.

OEconomie Rustique, Four a chaux.

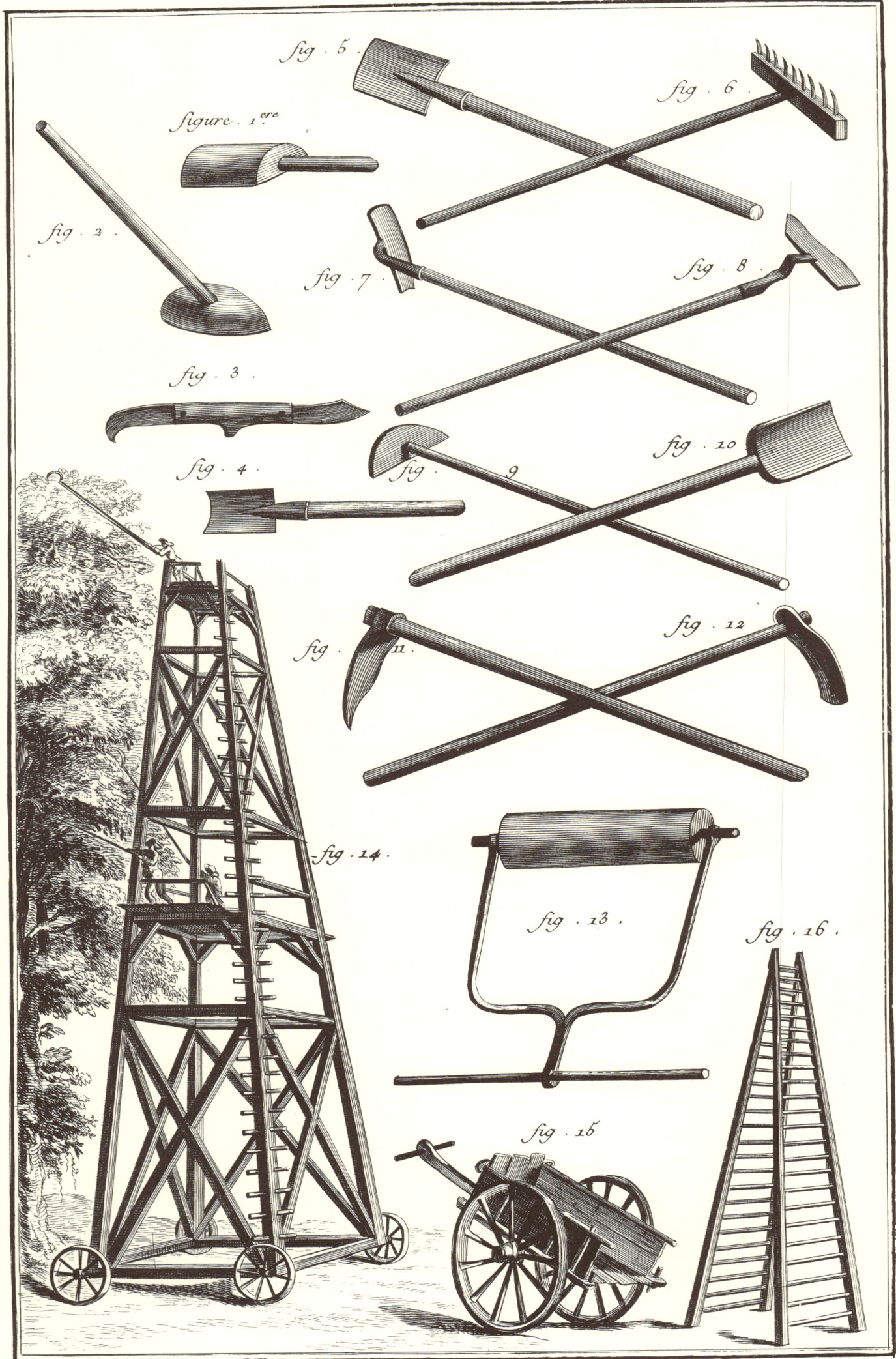

Pl. 1.

fig. 5.

fig. 6.

figure. 1.ere

fig. 2.

fig. 7.

fig. 8.

fig. 3.

fig. 10.

fig. 4.

fig. 9.

fig. 11.

fig. 12.

fig. 14.

fig. 13.

fig. 16.

fig. 15.

Benard Fecit.

Agriculture, Jardinage.

Pl. II.

fig. 17.

fig. 19.

fig. 18.

a   b

fig. 20.

fig. 21.

fig. 22.

fig. 24.

fig. 32.

fig. 25.

fig. 26.

c   fig. 23.   d

fig. 27.

fig. 28.

fig. 30.

fig. 29.

fig. 31.

fig. 33.

fig. 35.   fig. 34.

fig. 36.

fig. 37.

fig. 38.

fig. 39.

1   2   3   4 Pieds.

Benard Fecit.

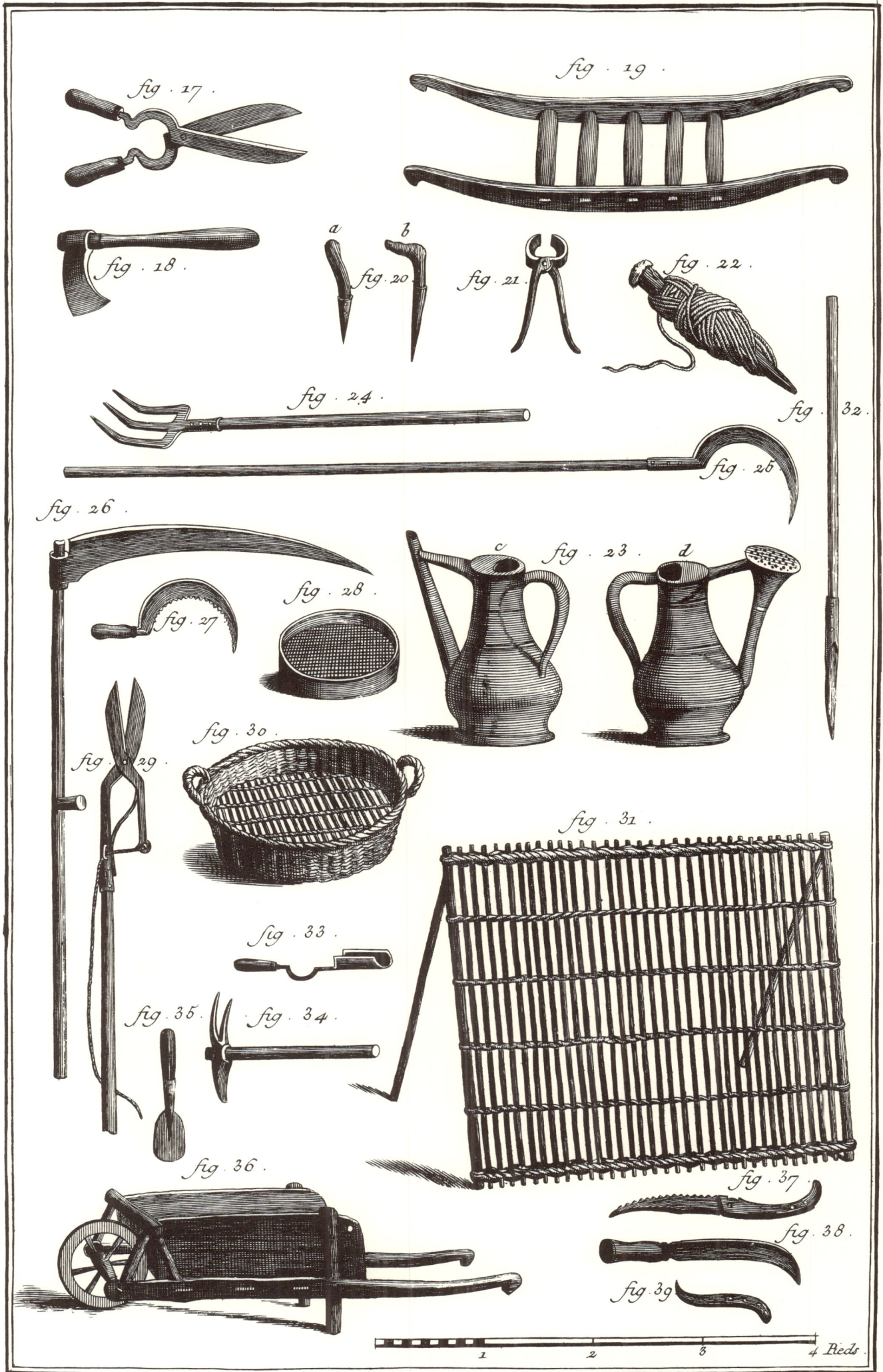

Agriculture, Jardinage.

Pl. III.

1 2 3 4 5 6 7 8 9 10 11 12 Toises.

Benard Fecit.

Agriculture, Jardinage.

fig. 1.

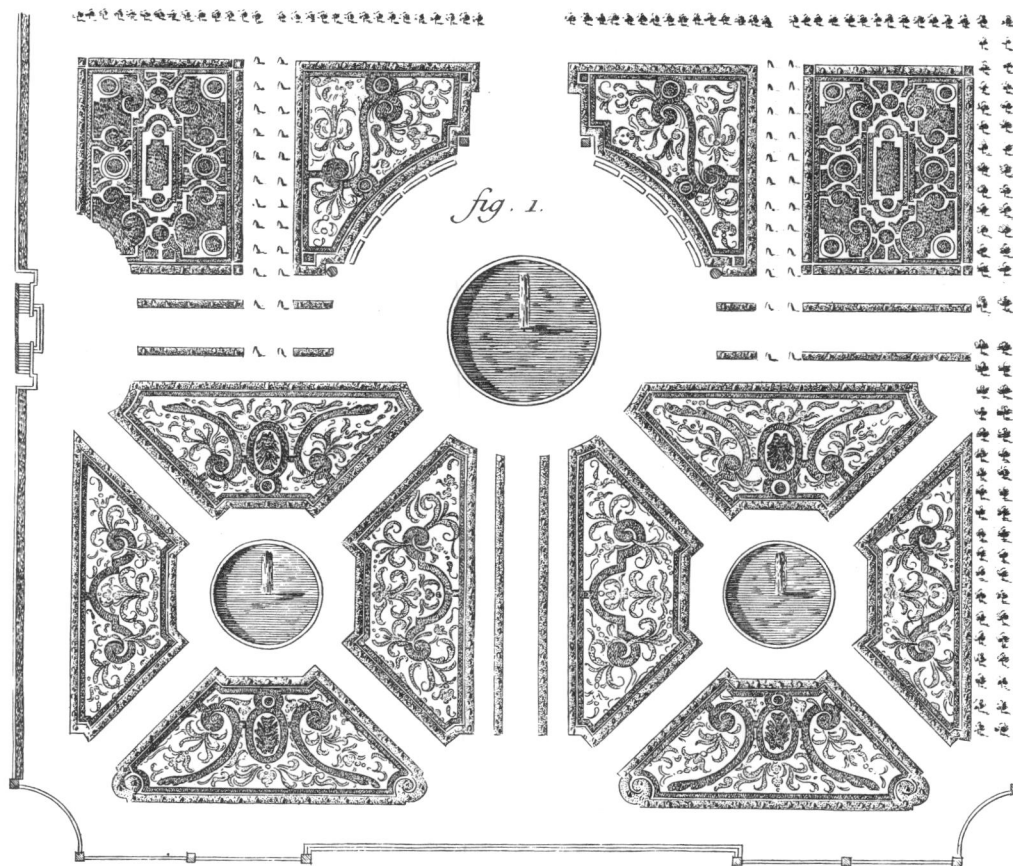

10   20   30   40   50   100 toises.

fig. 2.

1 2 3   6 toises.

Benard Fecit.

Agriculture Jardinage.

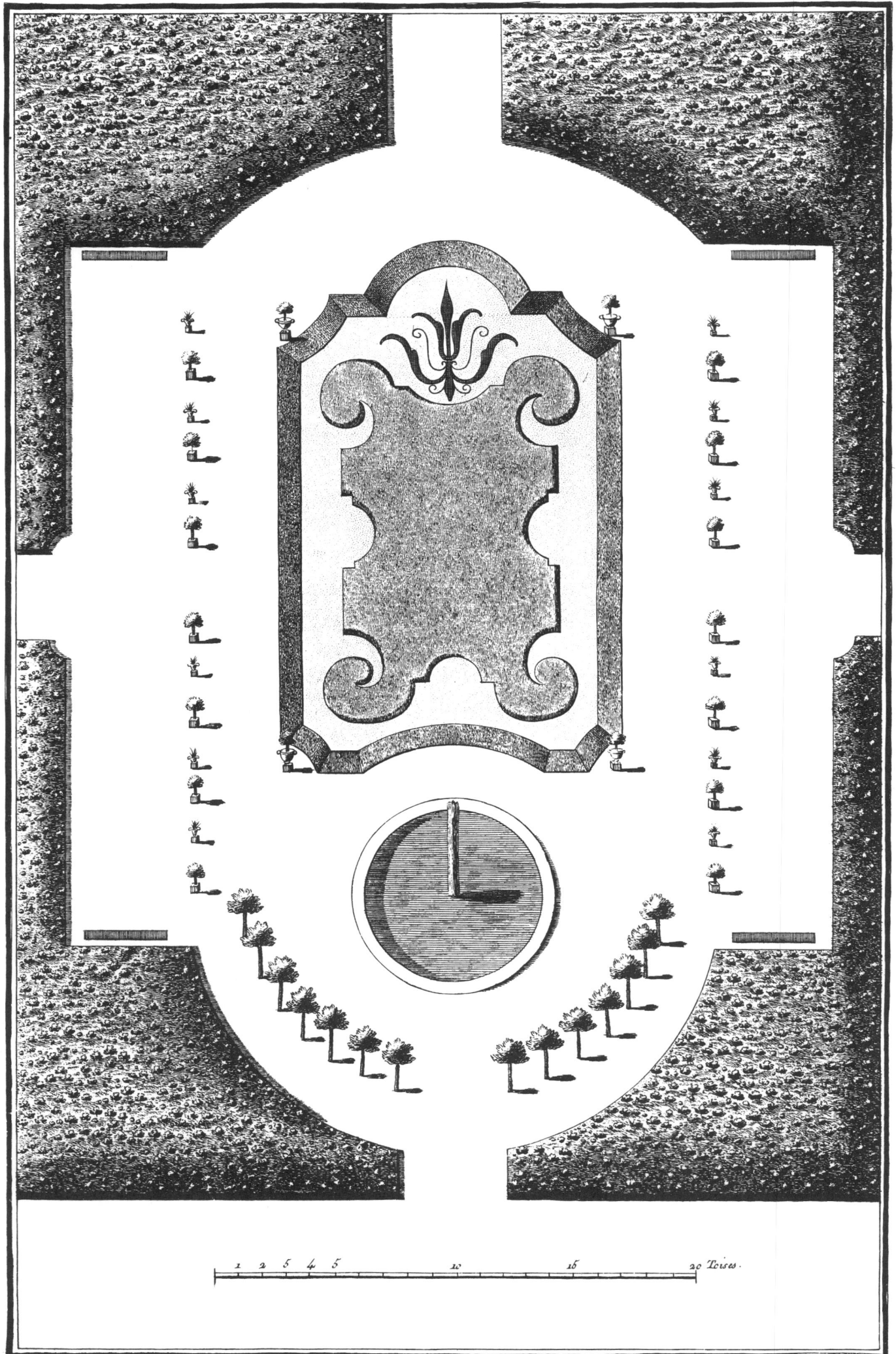

1 2 3 4 5   10   15   20 Toises.

Benard Fecit.

Agriculture, Jardinage.

Pl. VI.

1 2 3 4 5 6   12   18   24 Toises

Berard Fecit.

Agriculture Jardinage.

Pl. VII

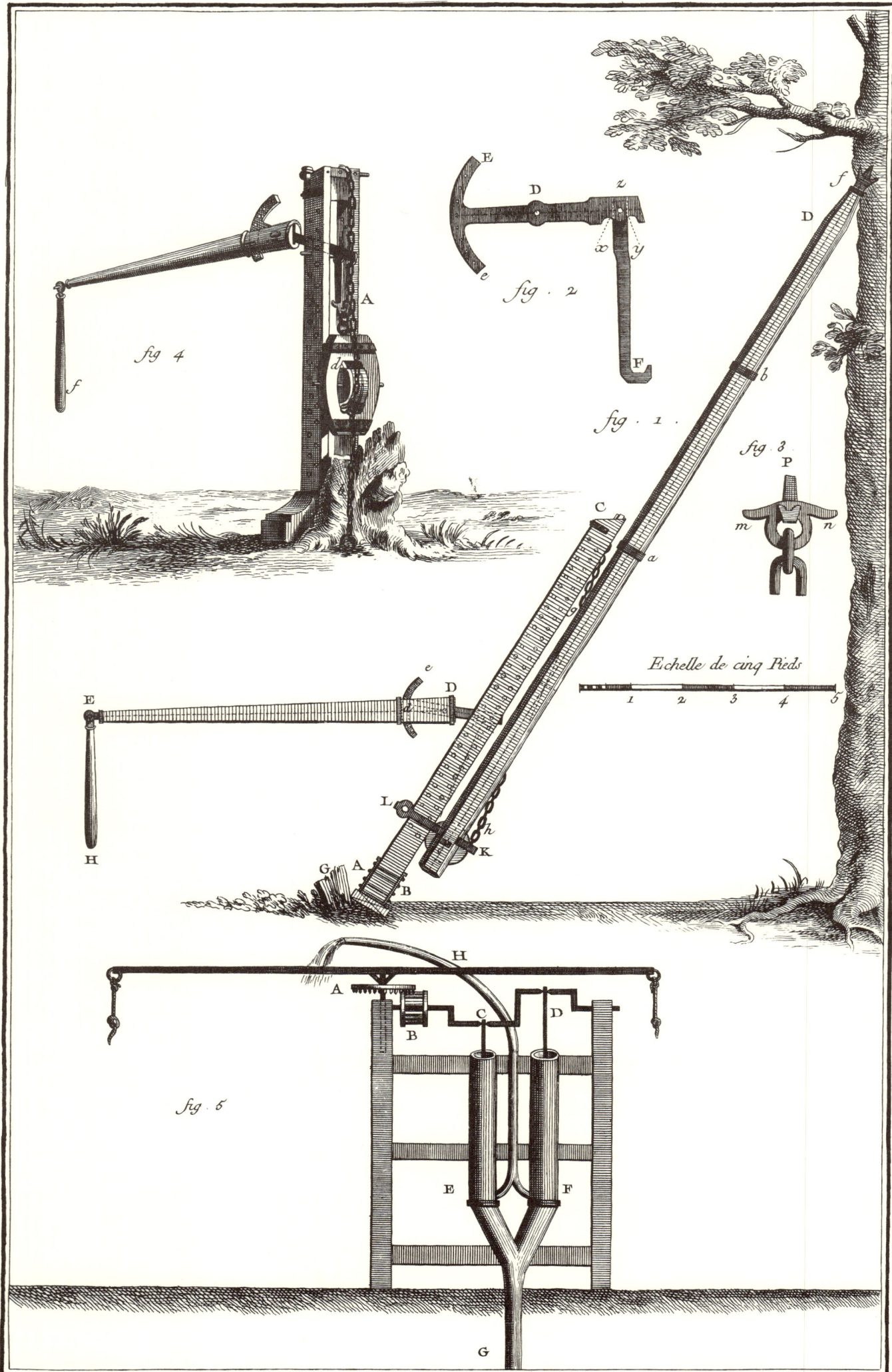

fig. 4

fig. 2

fig. 1

fig. 3

Echelle de cinq Pieds

1   2   3   4   5

fig. 5

Goussier Del.

Benard Fecit

Agriculture, Jardinage.

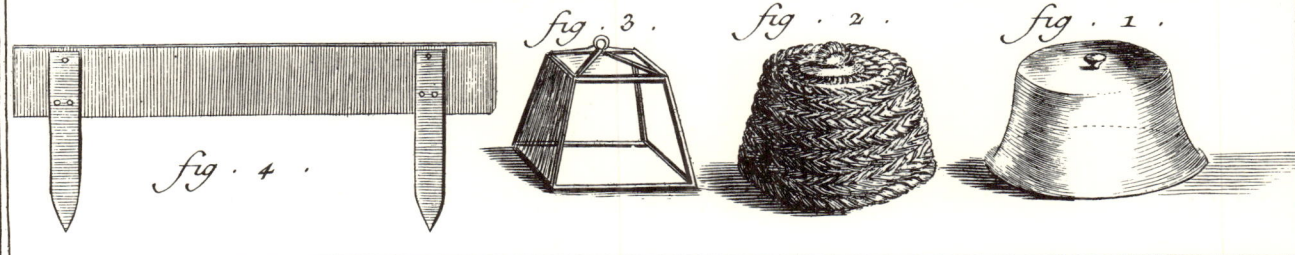

Pl. 1.

Goussier del.

Benard Fecit.

fig. 3.

fig. 2.

fig. 1.

fig. 4.

Agriculture,

Jardin Potager, Couches.

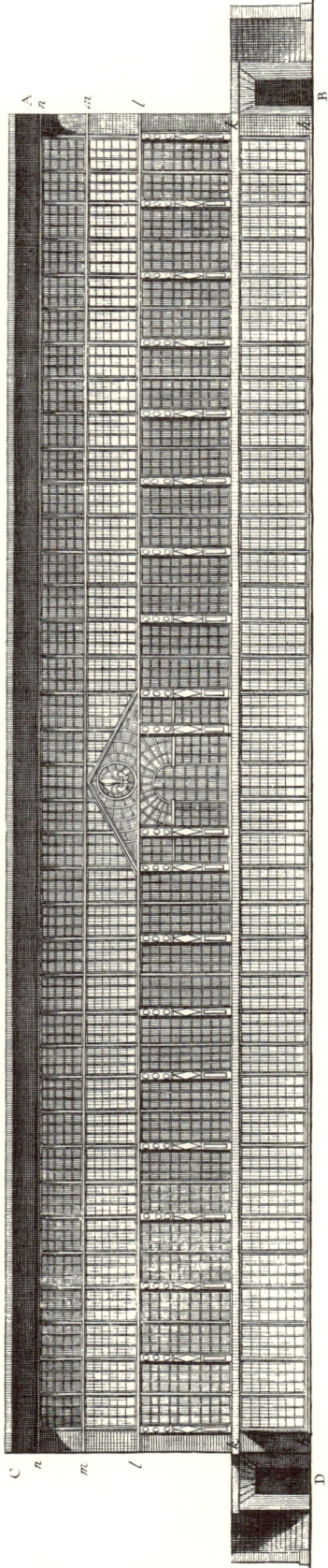

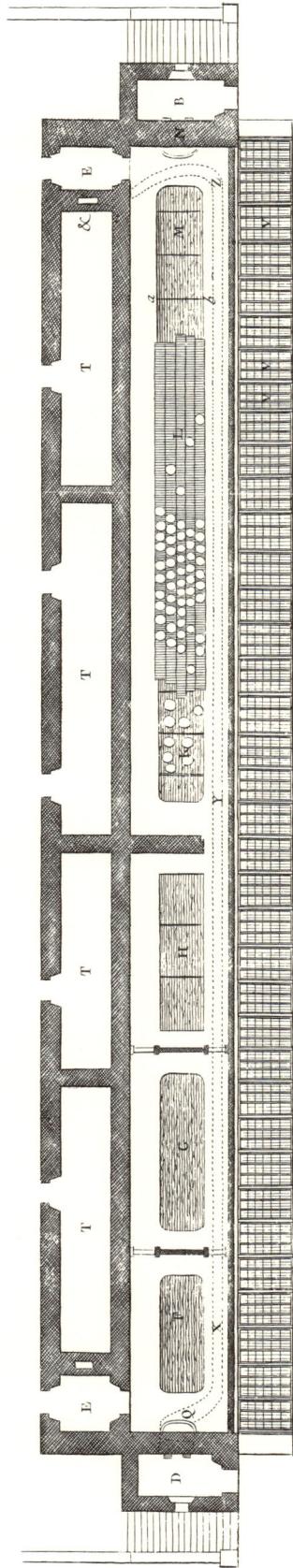

Pl. 11.

Benard Fecit.

Figure 1.er

fig. 2.

fig. 3.

fig. 4.

fig. 5.

Echelle de Cent Pieds.

5 10 15 20 25   50   75   100

Agriculture,
Jardin Potager Serres.

Pl. III.

figure. 1.ᵉʳᵉ

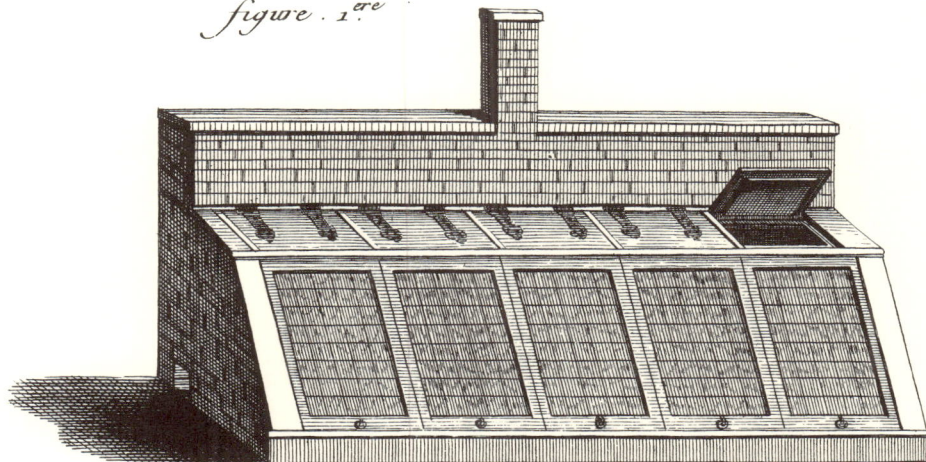

fig. 2.

fig. 4.

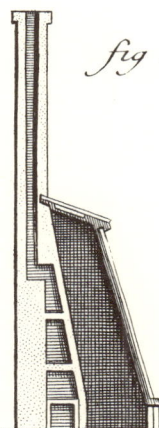

fig. 3.

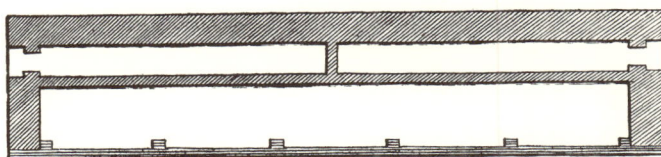

fig. 5.

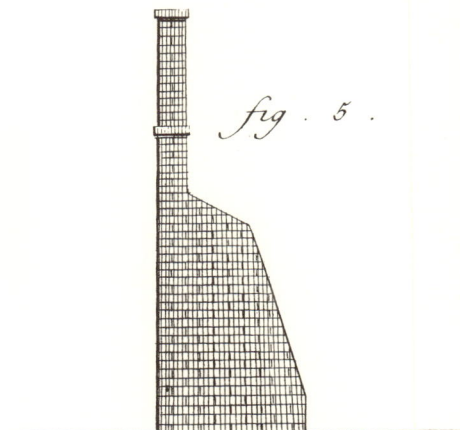

1 2   4   6   12   18 . Pieds.

Goussier del

Benard Fecit.

Agriculture,
Jardin Potager, Serres.

figure . 1.ere

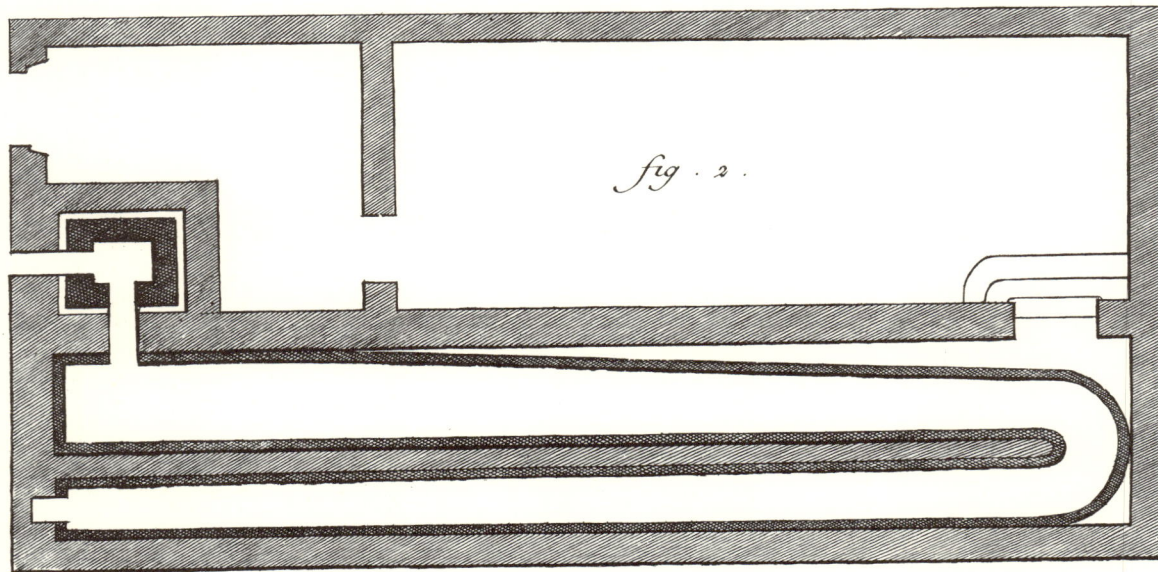

fig . 2

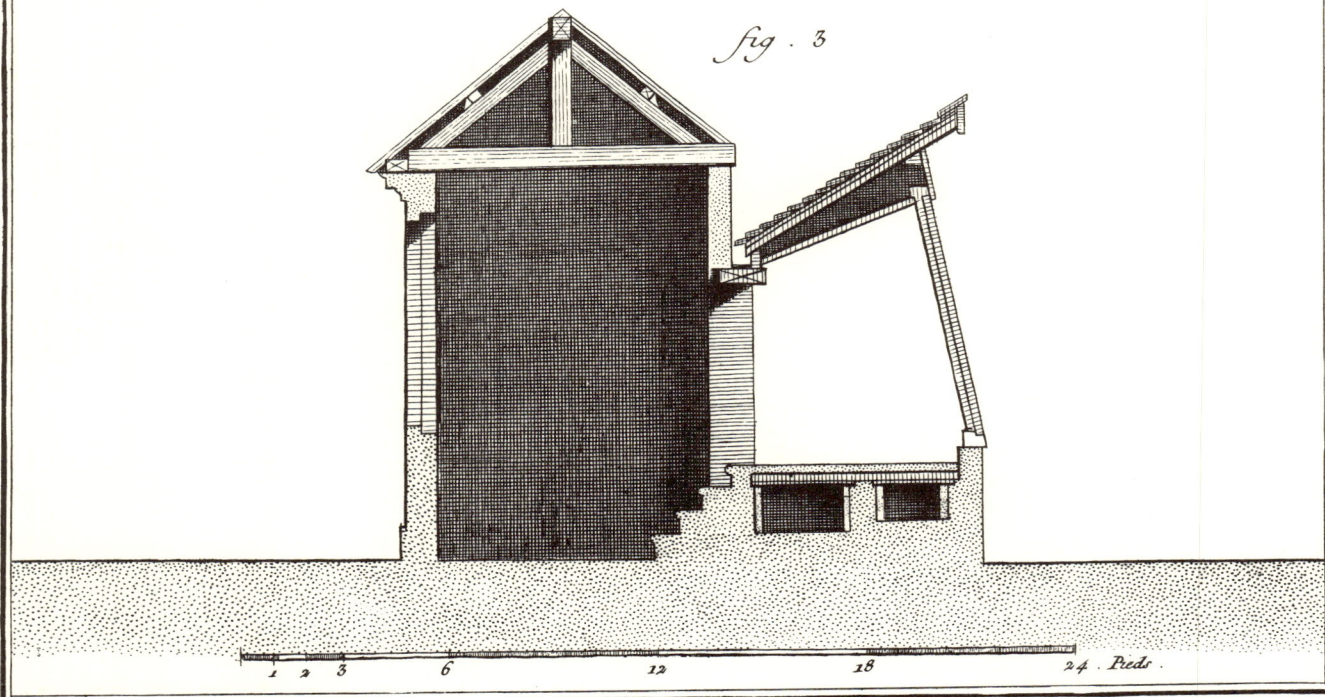

fig . 3

1 2 3   6   12   18   24 . Pieds .

Benard Fecit .

Agriculture,
Jardin Potager, Serres .

Pl . IV .

Pl. V.

figure. 1ere

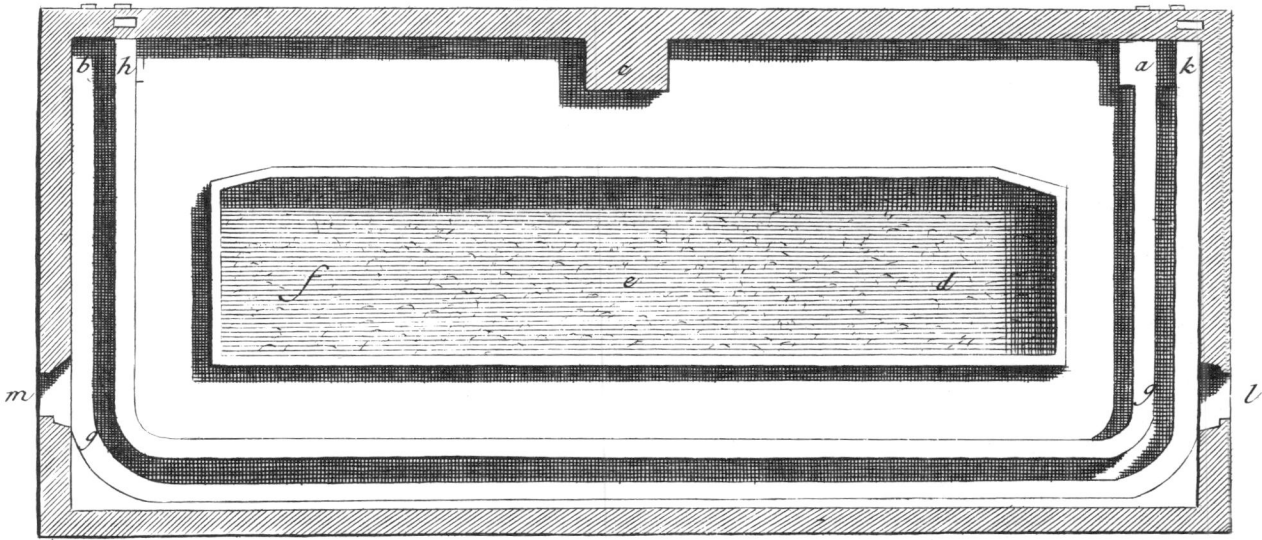

fig. 2.

fig. 3.

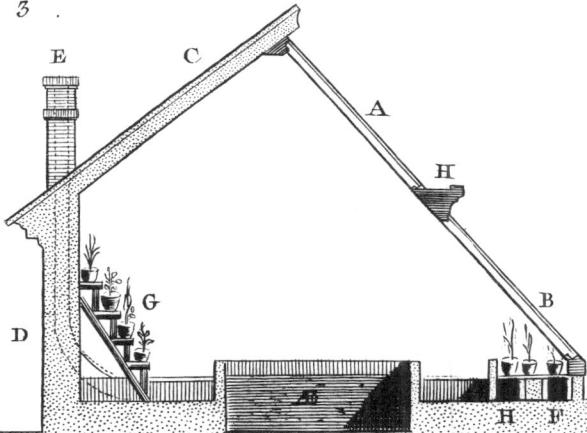

fig. 4.

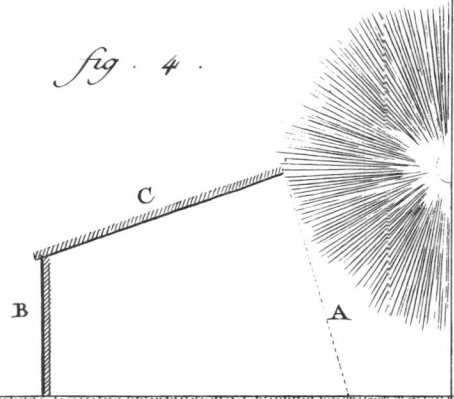

1 2 3 4 5   10   15 Aulnes.

Benard. Fecit.

Agriculture,
Jardin Potager, Serres.

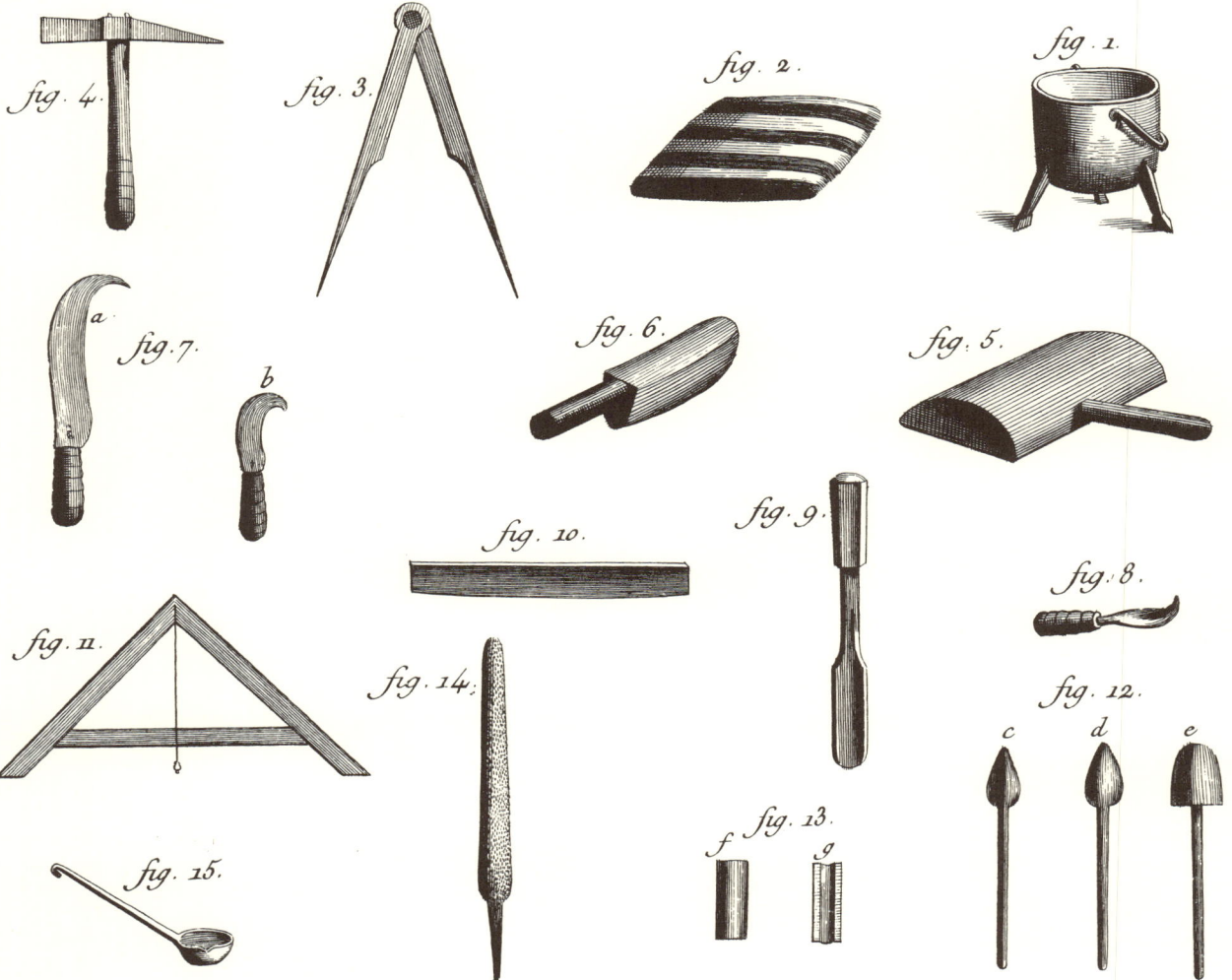

Pl. I.

fig. 4. fig. 3. fig. 2. fig. 1.

a fig. 7. b fig. 6. fig. 5.

fig. 10. fig. 9. fig. 8.

fig. 11. fig. 14. fig. 12.

c d e

f fig. 13. g

fig. 15.

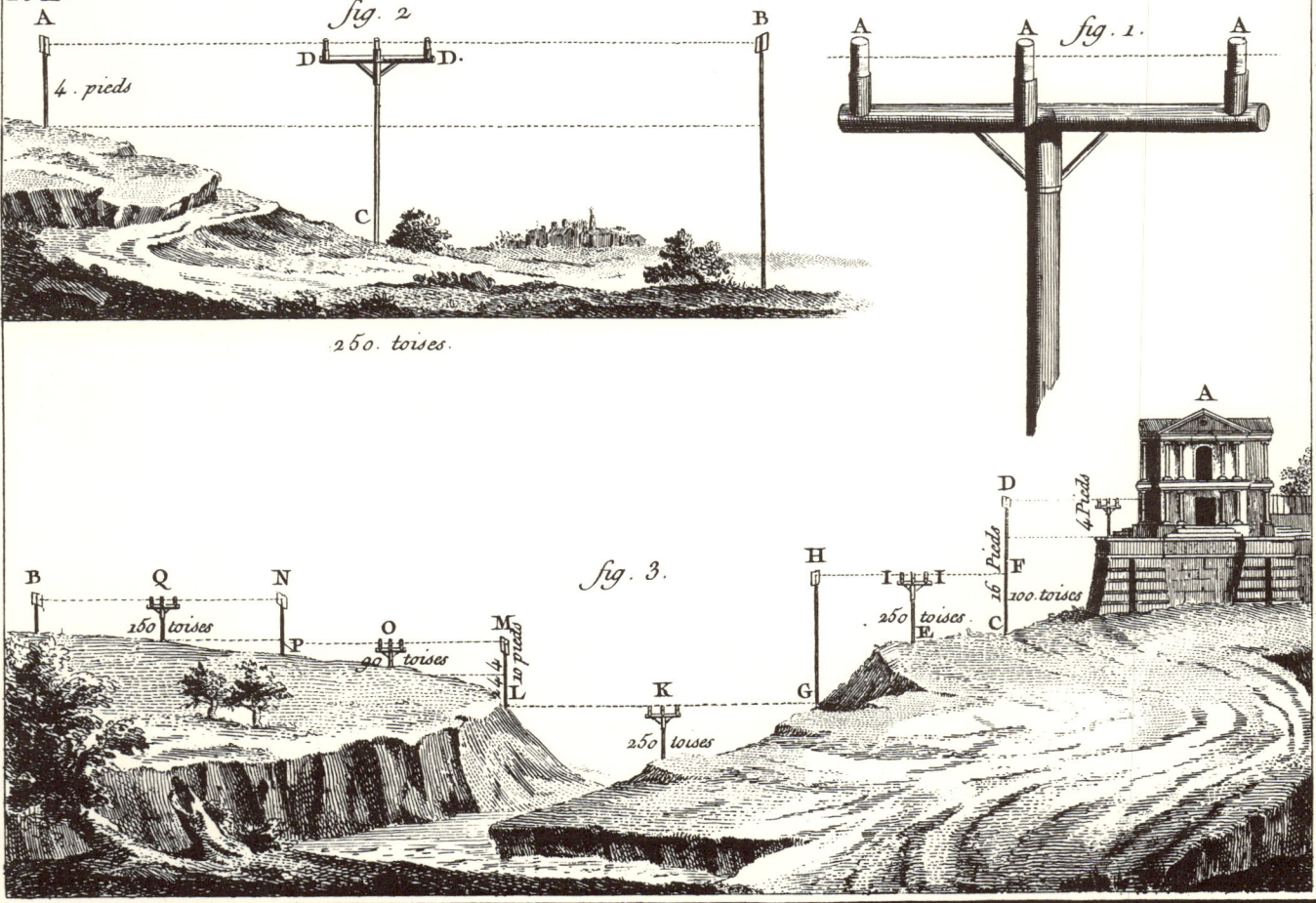

Pl. II.

A fig. 2. B A A fig. 1. A

D D

4. pieds

C

250. toises.

A

B Q N fig. 3. H D 4. Pieds

150 toises P O M I F 100. toises

90 toises 250 toises

K E C

250 toises G

Benard Fecit.

Agriculture, Jardinage Fontainier.

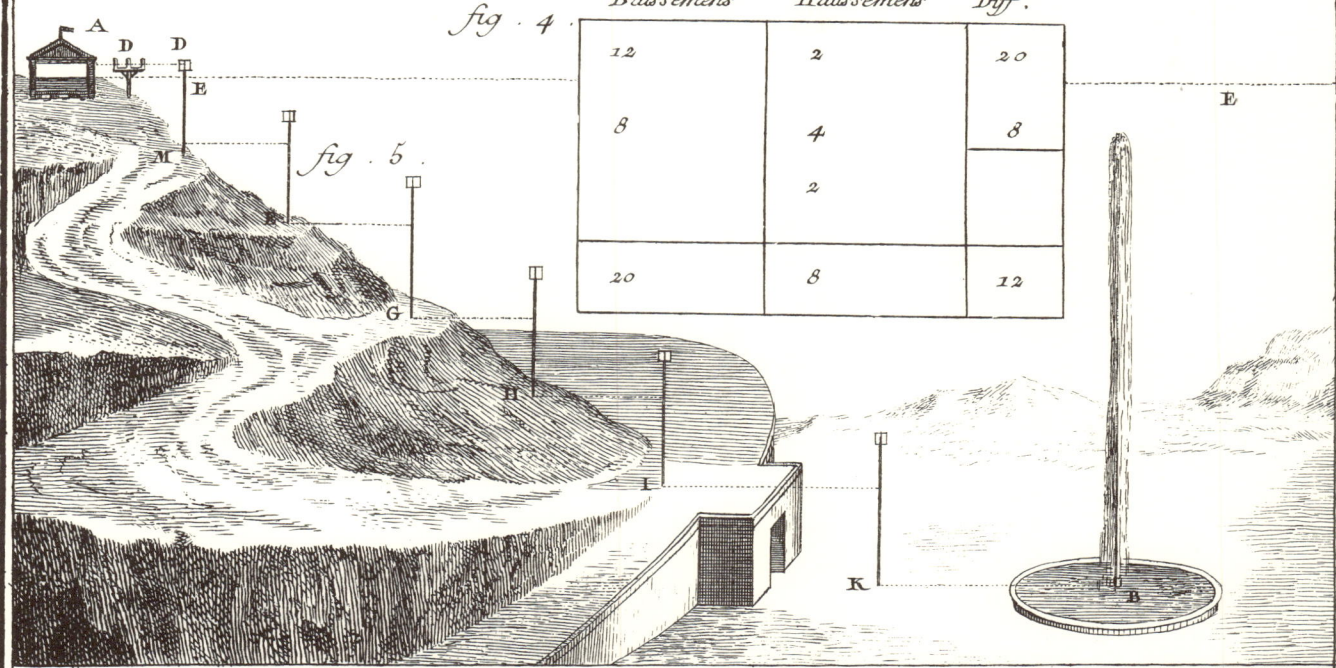

Pl. 2. bis. — fig. 4. — fig. 5.

Baissemens	Haussemens	Diff.ns
12	2	20
8	4	8
	2	
20	8	12

Pl. 3. — fig. 1.

fig. 2.

fig. 3. — fig. 4.

Goussier del. — Benard Fecit.

Agriculture, Jardinage. Fontainier.

Pl. II. bis. et III.me

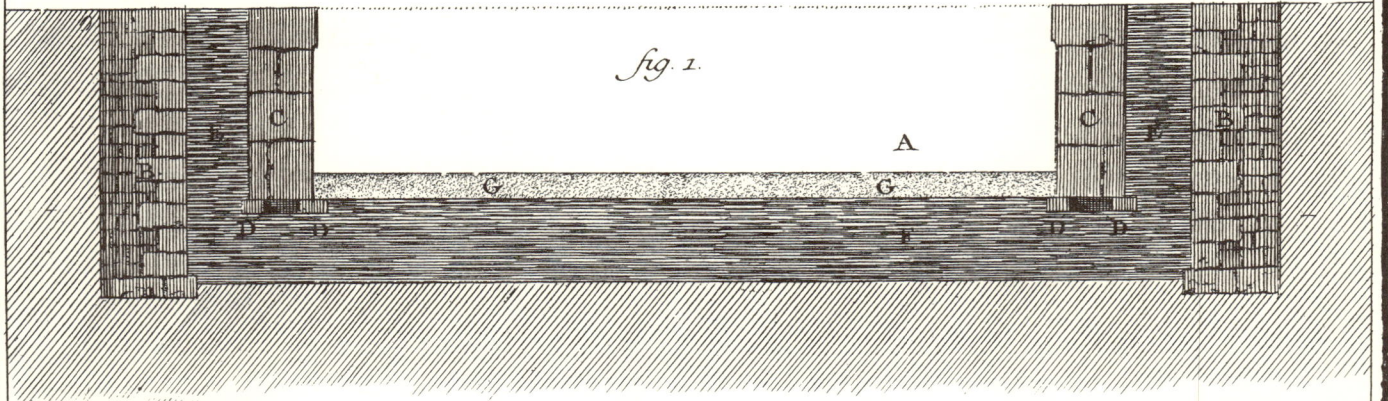

fig. 1.

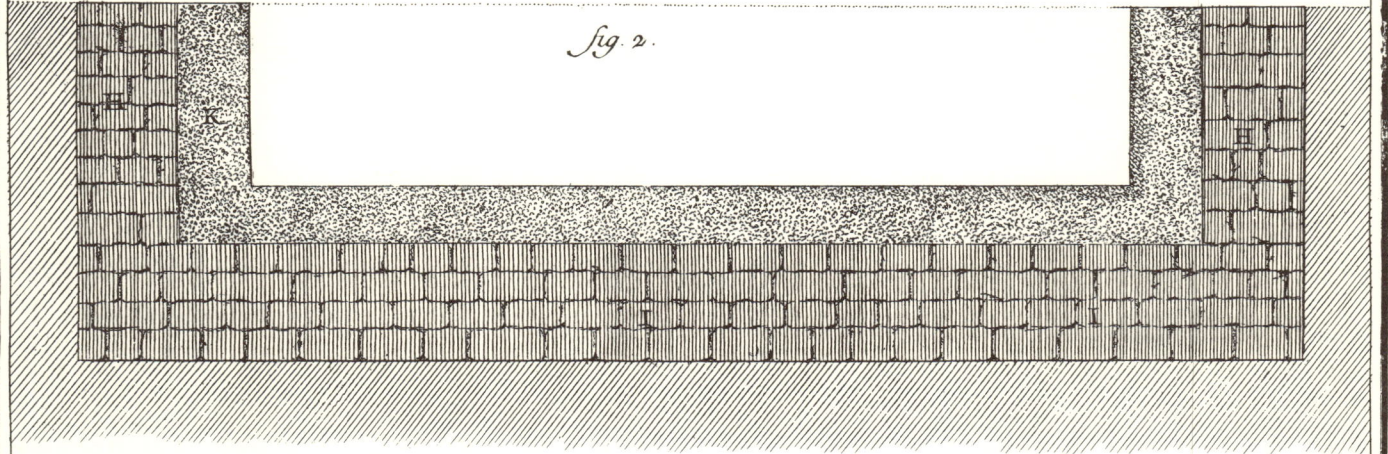

fig. 2.

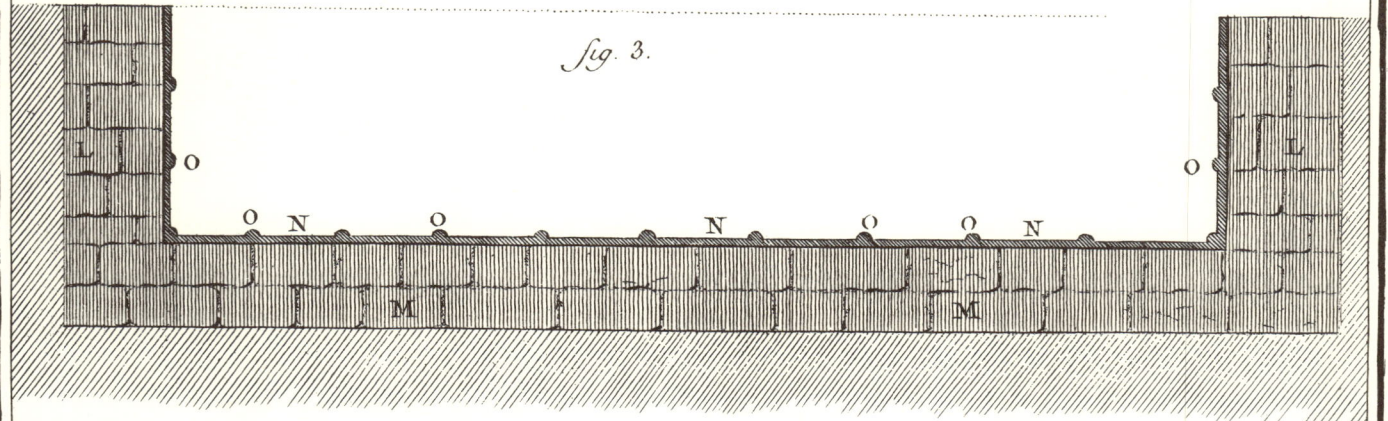

fig. 3.

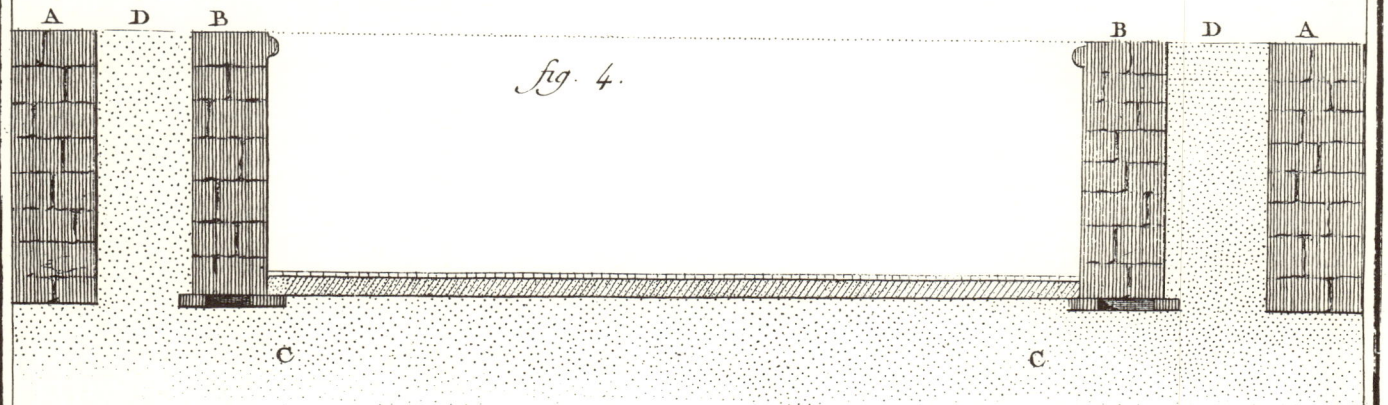

fig. 4.

Goussier del.

Benard Fecit.

Agriculture Jardinage. Fontainier.

figure. 1.ere

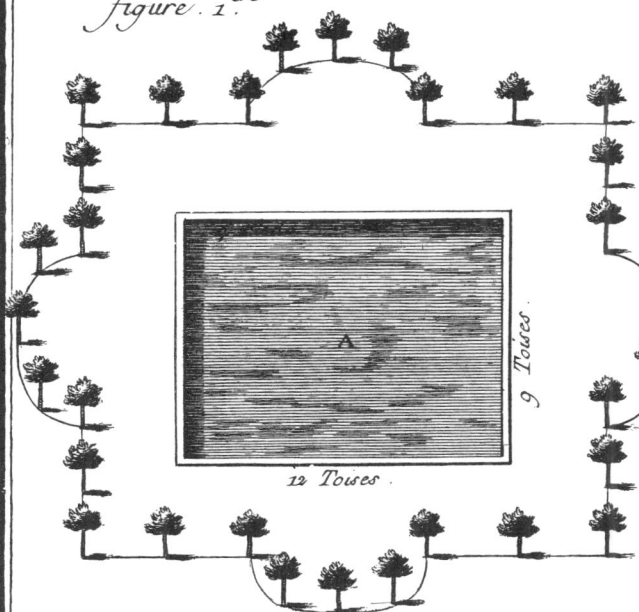

9 Toises

12 Toises.

fig. 2.

12 Toises

fig. 3.

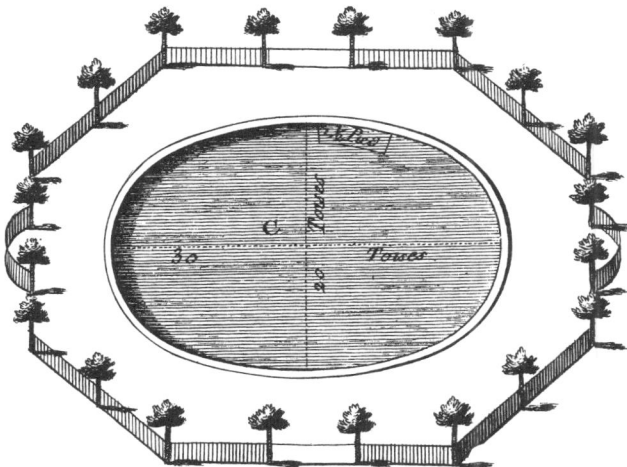

30   20   Toises   Toises

fig. 5.

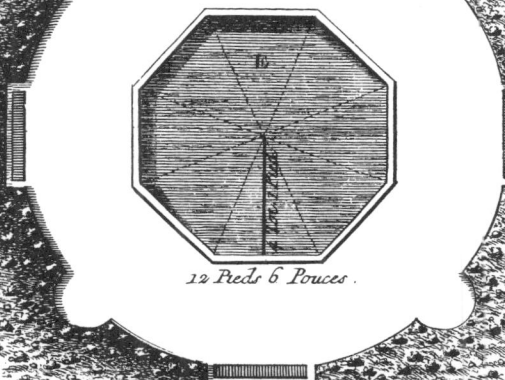

12 Pieds 6 Pouces.

fig. 4.

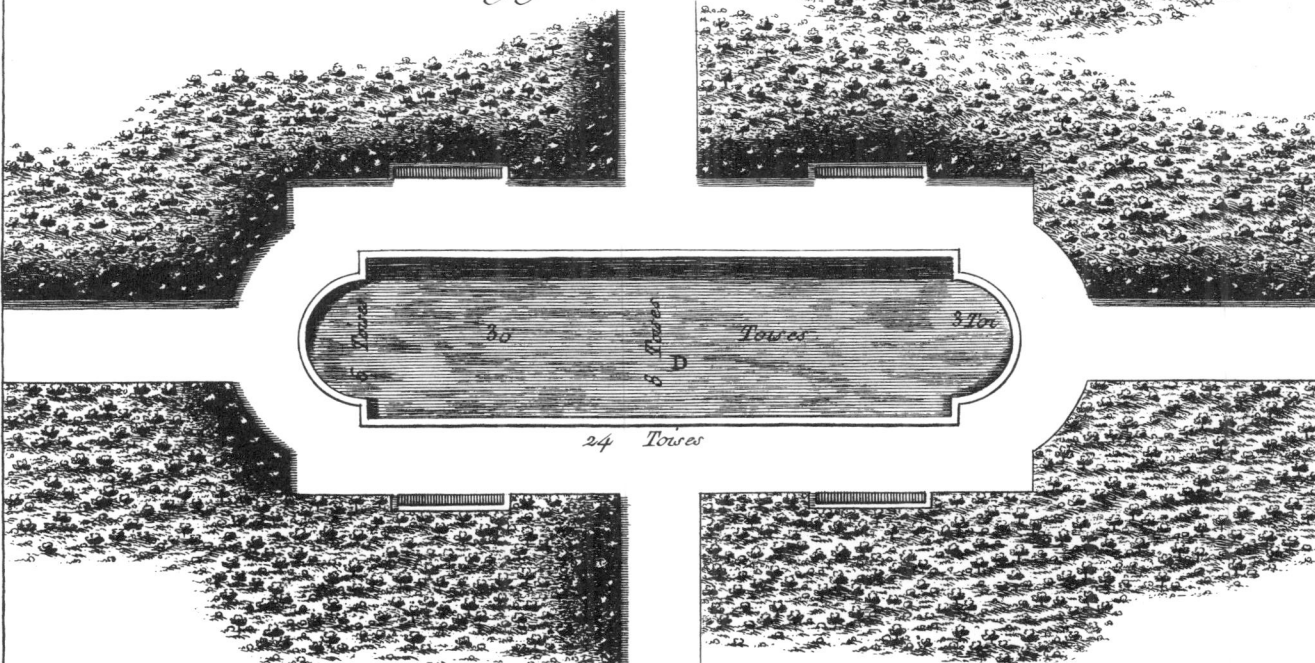

30   8 Toises   Toises   3 To.

24 Toises.

Benard Fecit.

Agriculture Jardinage. Fontainier

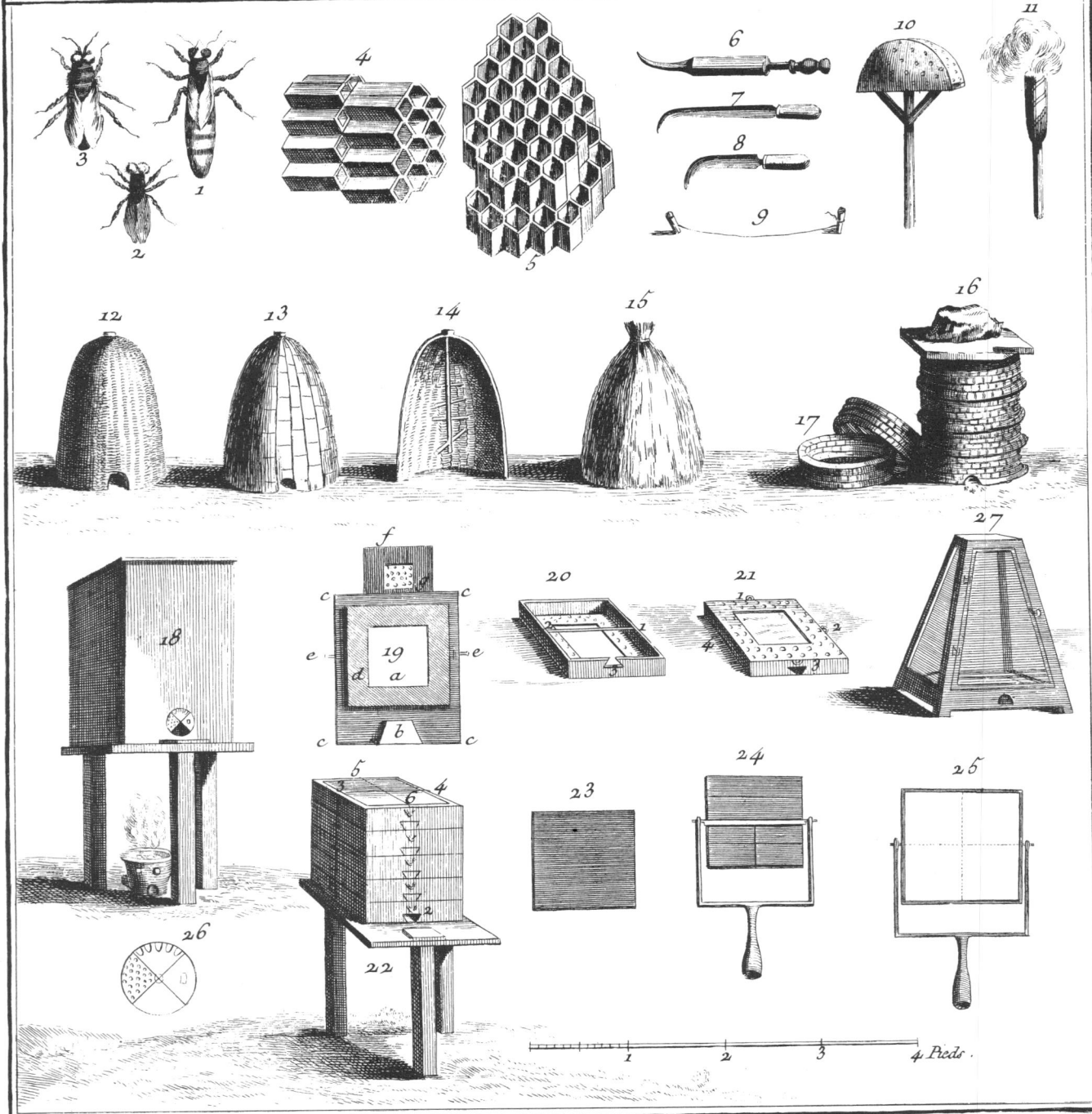

OEconomie Rustique,
Mouches à Miel.

fig. 1.   fig. 2.   fig. 3.   fig. 4.   fig. 5.

fig. 6.

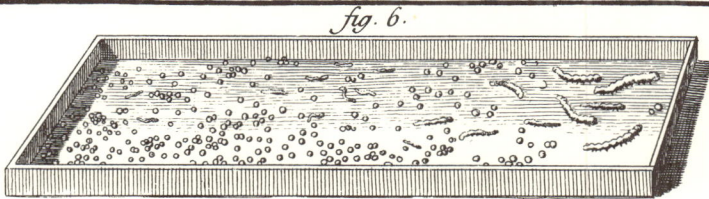

fig. 8.   fig. 9.

fig. 10.

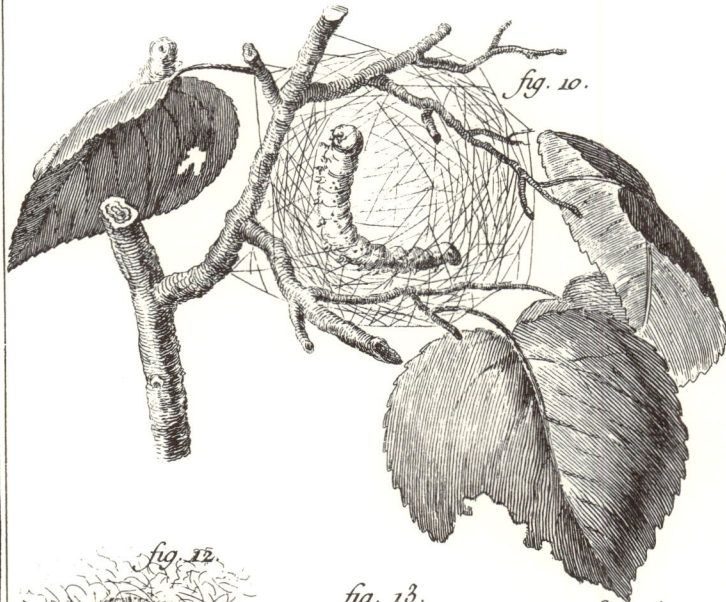

fig. 11.

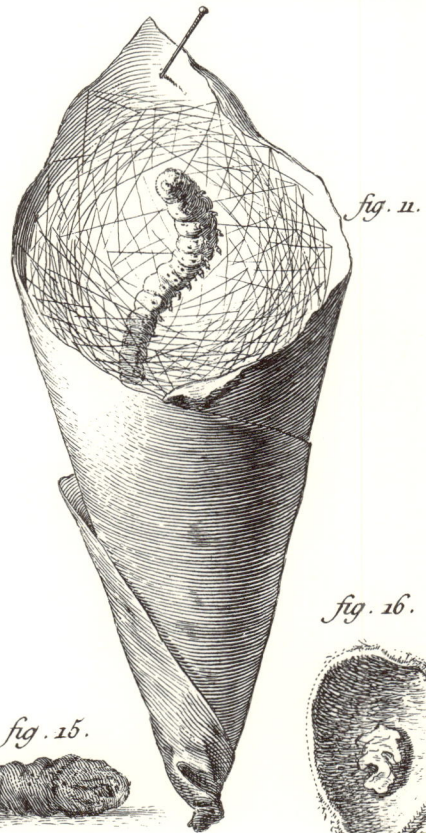

fig. 12.

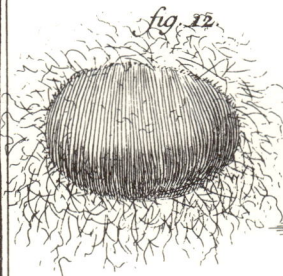

fig. 13.   fig. 14.

fig. 15.

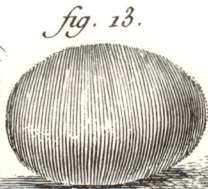

fig. 16.

fig. 17.

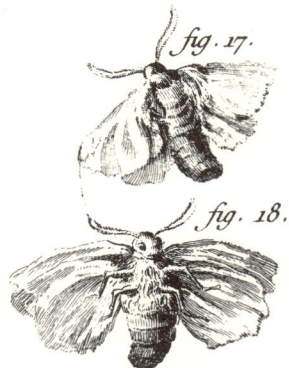

fig. 18.

fig. 7.

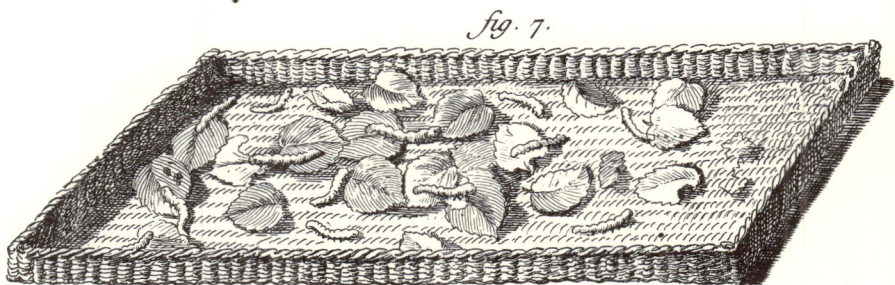

Œconomie Rustique. Vers a Soye.

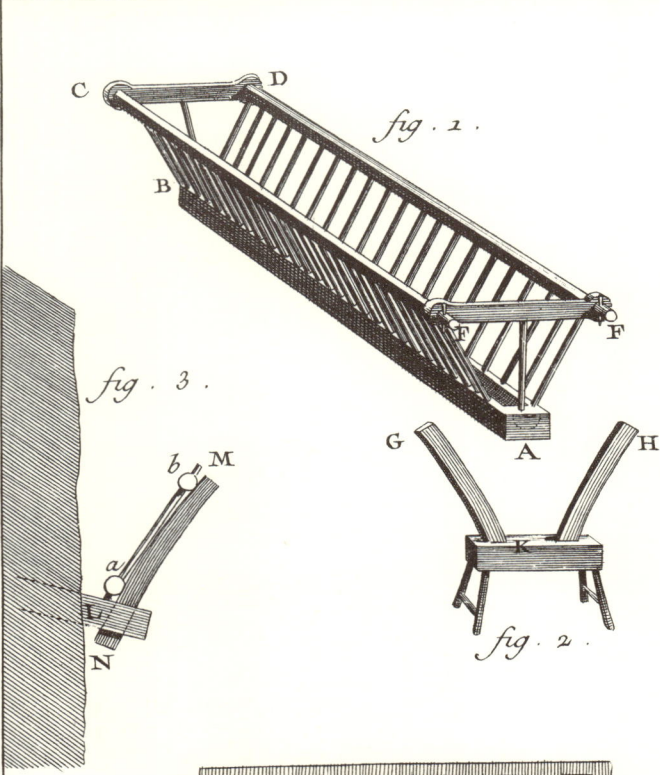

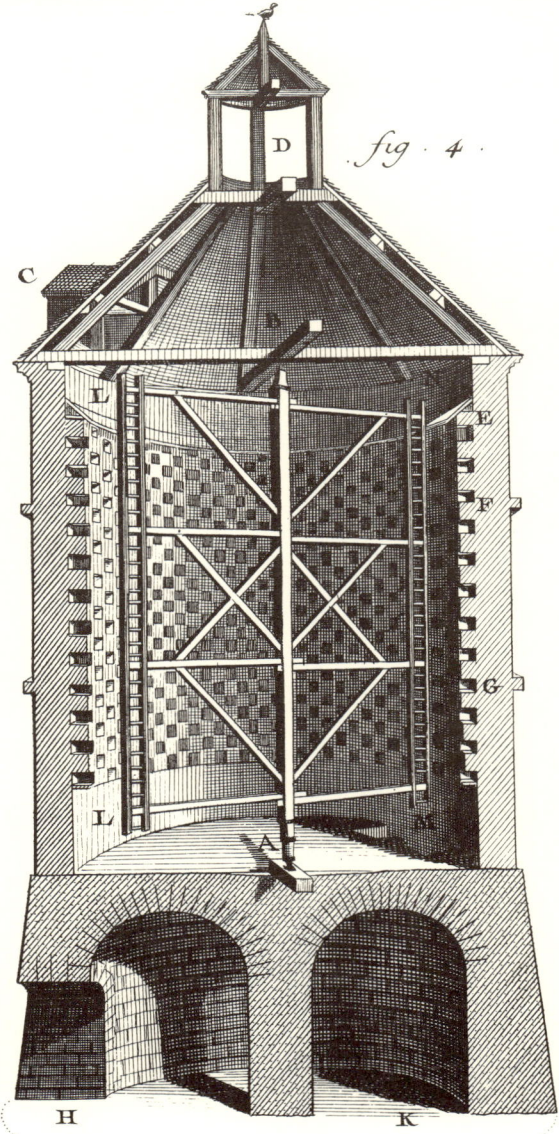

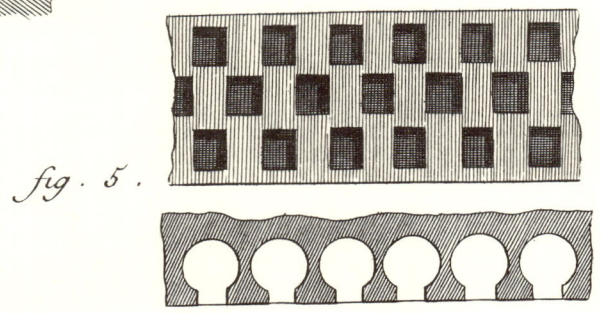

OEconomie Rustique,

Basse Cour.

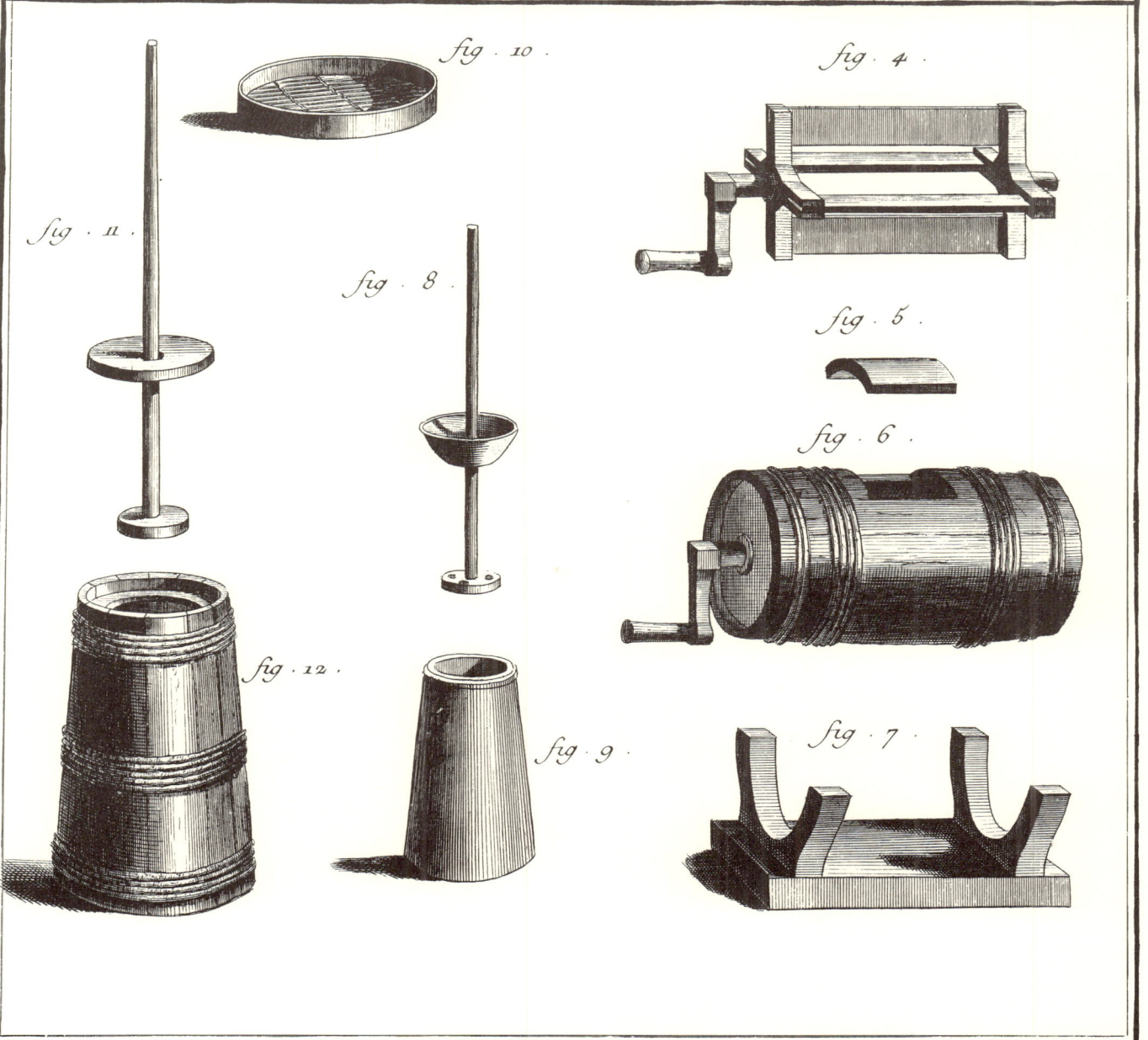

Benard Fecit.

OEconomie Rustique,
Laiterie.

Pl. I.

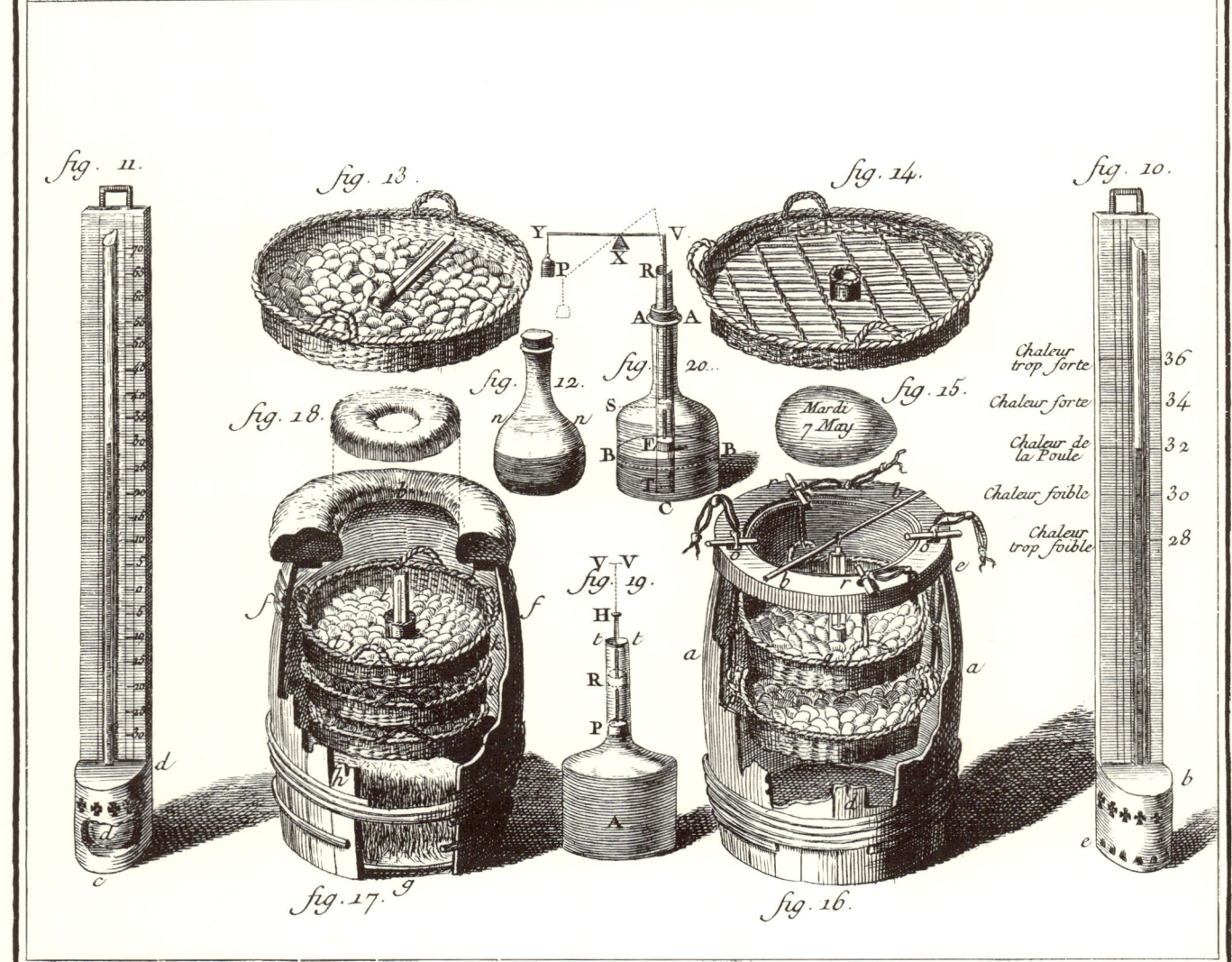

OEconomie Rustique, *Art de faire éclore les Poulets*.

Benard Fecit.

Pl. II.

fig. 2

fig. 1

fig. 3

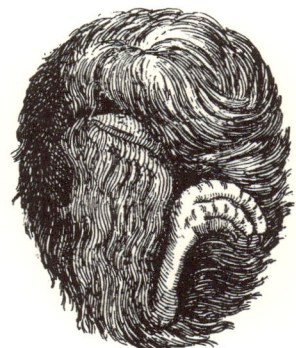

fig. 4

fig. 5

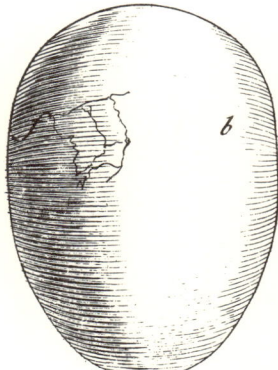

fig. 6

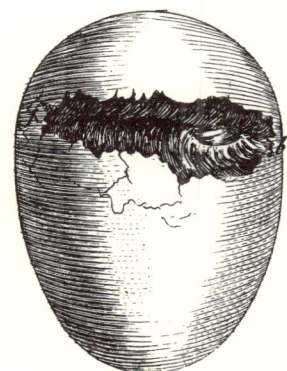

fig. 7

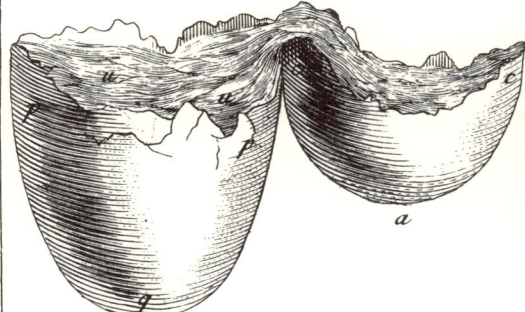

fig. 11

fig. 10

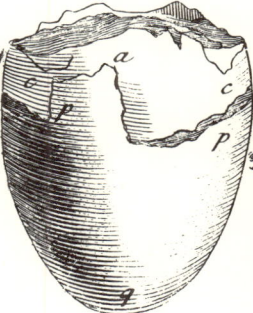

fig. 9

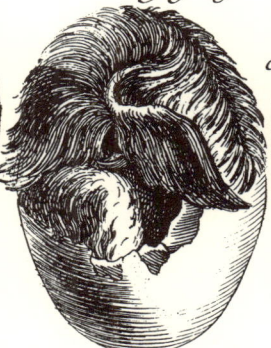

fig. 8

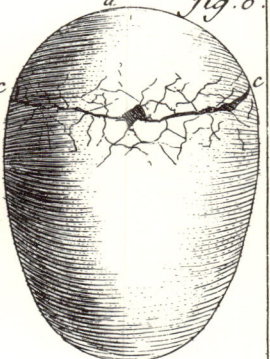

Benard Fecit.

OEconomie Rustique,
Art de faire eclore les Poulets.

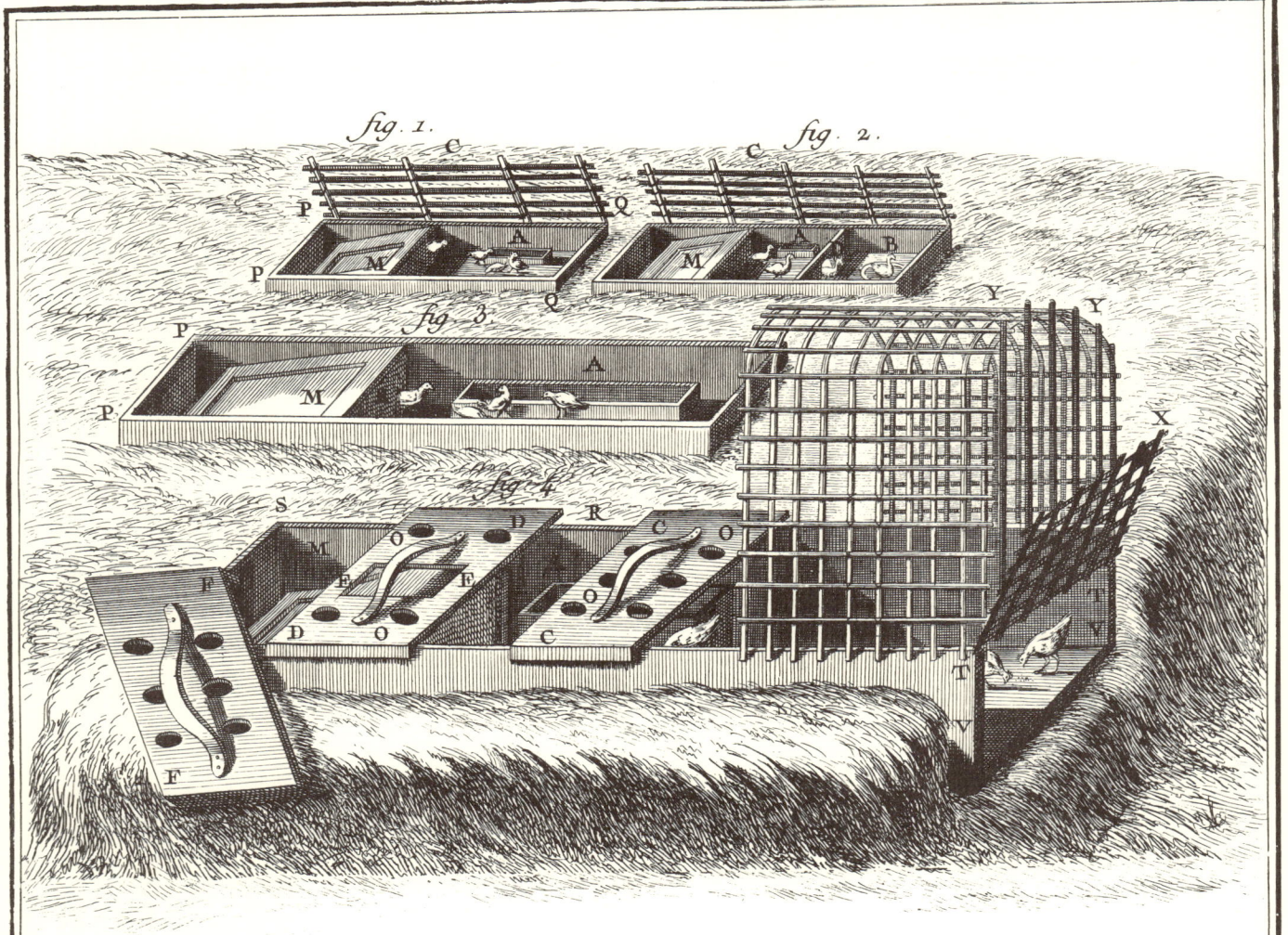

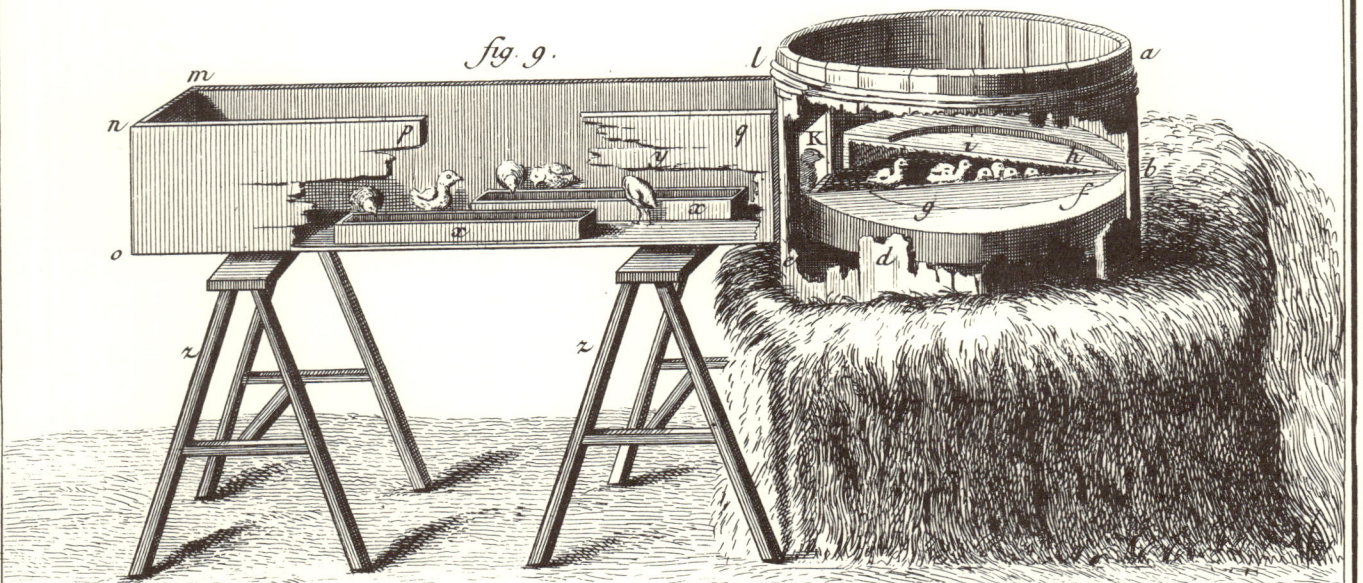

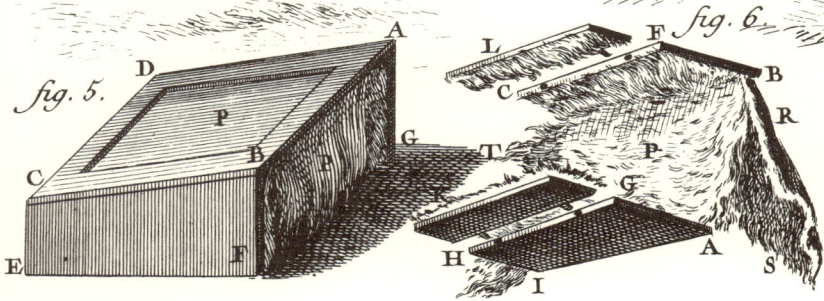

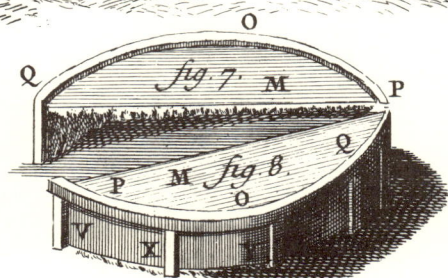

Pl. III.

fig. 1.   fig. 2.

fig. 3.

fig. 4.

fig. 9.

fig. 5.   fig. 6.   fig. 7.   fig. 8.

Benard Fecit.

OEconomie Rustique;
Art de faire eclore les Poulets.

FROMAGE D'AUVERGNE,
CONTENANT DEUX PLANCHES.

DAns les Monts d'or, dans le Cautale & le Salers, on fait des fromages connus sous le nom de *fromages du Cautale* ou *d'Auvergne* : il y en a de deux sortes, les uns qu'on appelle *fromages de formes*, & dont on verra la configuration & le volume dans les figures & dans les détails qui suivront ; les autres appellés *chairilloux*, parce qu'ils sont faits communément de lait de chevre, sont cylindriques & fort petits.

Les pâturages sont situés sur les sommets élevés ou sur les croupes peu inclinées des plus hautes montagnes. On y fait monter les vaches vers le 15 Mai, lorsque la pointe de la verdure commence à pousser, & on les en retire vers le 15 Octobre, au retour des neiges. Ces pâturages sont partagés par cantons qu'on nomme *Vacheries*. On voit au centre de ces vacheries une cabane qui sert à loger les vaches & à faire les fromages. A côté est ordinairement la laiterie où l'on met le lait, pour en retirer la crême & les fromages qu'on sale & qui passent. Ce bâtiment est tenu très-frais ; aussi on excave le terrein sur lequel il est construit ; il n'a qu'une ouverture par le toit de paille qui le recouvre, encore tient-on cette ouverture fermée assez exactement pendant la chaleur par une botte de paille qu'on leve ou qu'on abaisse à l'aide d'une bascule, à l'extrêmité de laquelle cette botte est liée. On joint à ces bâtimens un parc où l'on enferme les vaches pendant la nuit. Ce parc est fermé de haies ou de palissades mobiles, & gardé par des chiens, qui sont ordinairement des dogues de la grosse espece, & fort aguerris contre les loups.

Quatre hommes qui ont des grades & des occupations différentes, savoir le Vacher, l'Aide, le Gouri & le Vedelet, sont employés à l'administration d'une vacherie, le vacher a l'inspection générale sur les opérations économiques de l'établissement, fait les fromages, & prend un soin particulier de la laiterie ; l'aide tire les vaches, est admis à faire les fromages, & partage les détails de la laiterie ; le gouri garde les vaches, les tire, & est chargé de la nourriture des cochons qu'on éleve dans la vacherie ; enfin le vedelet garde les veaux qu'il mene paître séparément, les fait tetter en les liant aux piés de leurs meres, & tire les vaches au besoin. Malgré cette distribution aussi exacte des différens travaux de la vacherie, on ne peut s'empêcher de dire qu'il regne dans toute la laiterie & dans les cabanes une malpropreté qu'on ne sauroit trop s'efforcer de détruire.

On tire les vaches deux fois par jour, le matin avant de les mettre dans les pâturages, & le soir sur les cinq à six heures. Ensuite lorsqu'il reste du tems, on les laisse paître autour du parc avant de les y renfermer. Lorsqu'on veut rassembler les vaches dans le parc, le gouri & le vedelet les appellent & leur distribuent à chacune une petite pincée de sel ; ces animaux habitués à ce régal se rendent promptement au parc, dès qu'ils entendent le premier appel qui est le signal de la distribution ; cet appel se fait toujours sur le même ton.

Après qu'on a trait les vaches on coule le lait en le faisant passer à-travers une chausse d'étamine blanche d'un tissu peu serré, *fig.* 1. Un des pâtres présente la chausse qu'il entr'ouvre au-dessus d'un seau cylindrique qu'on nomme *baste*, *fig.* 2. cette baste a trois piés & demi de hauteur, sur deux piés de diametre, elle est garnie de cercles depuis le haut jusqu'en-bas. Deux douves opposées diamétralement, dans lesquelles il y a deux entailles, servent à transporter ces bastes pleines de lait. Il y a aussi vers le bas une ouverture latérale, par le moyen de laquelle on foutire le lait.

On met la présure dans le lait si-tôt qu'on l'a coulé ; on sait que la présure a pour base le lait qu'on trouve dans l'estomac d'un veau qui tette. On prépare ce lait qui est caillé par les fermens naturels de l'estomac, en le pêtrissant avec du sel & du lait nouvellement tiré, &

on le conserve en cet état dans la poche de l'estomac pour servir au besoin. Quelques vachers l'emploient ainsi ; mais le plus grand nombre des propriétaires des vacheries sont dans l'habitude d'employer une préparation qui donne à ce ferment plus de force & d'activité.

Ils mettent tremper un estomac de veau rempli de présure préparée comme je l'ai dit, dans deux pintes d'eau tiede, avec du sel & des morceaux d'estomac de bœufs, de veaux, de chevres, de brebis dessêchés. On ne laisse digérer l'estomac rempli de ferment que vingt-quatre heures, après quoi on le retire & il sert encore trois ou quatre fois avec la même efficacité ; mais les morceaux d'estomacs dessêchés trempent pendant quinze jours l'été, & pendant un mois l'hiver, jusqu'à ce qu'ils soient épuisés de tous les principes dont l'eau peut se charger, & ils ne servent plus. La liqueur qui résulte de toutes ces préparations est employée avec succès comme une présure forte.

En certain tems, & sur-tout au commencement du printems, on emploie une présure d'une vertu médiocre ; pour cela on met tremper pendant vingt-quatre heures dans de l'eau tiede, ou encore mieux dans du petit-lait aigri qu'on nomme *gappe*, une moitié d'estomac de bœuf ou de vache dessêchée ; la liqueur se charge pendant ce court espace de principes qui produisent sur le lait un effet assez considérable pour le tems ; car il est bien important de ménager pour-lors la présure dans les fromages. Sans cette précaution la pâte des fromages en qui la fermentation continue par la chaleur de l'été qui se fait sentir au fond des souterreins où on les conserve, se réduiroit en grumeaux désunis, & n'auroit aucune consistance. J'ai observé que souvent les fromages d'Auvergne ont ce défaut de préparation, quoique les vachers soient bien instruits de l'inconvénient dont je parle.

On verse environ un tiers de chopine de présure sur quinze pintes de lait, c'est-à-dire un quarante-cinquieme. On remue le lait pour distribuer ce ferment uniformément dans toute la masse, & pour en hâter l'effet. Le lait se prend ou se caille en moins d'une demi-heure à la faveur du repos & d'une chaleur douce & modérée qu'on lui a communiquée en l'approchant du feu, si la chaleur de la saison n'est pas suffisante.

Lorsque le lait est pris entierement on plonge dans la masse du caillé un bâton armé d'une planche ronde trouée qu'on nomme *menole fig.* 3. On agite la menole jusqu'à ce qu'on ait bien divisé la masse du caillé, au milieu de laquelle le petit-lait se trouve dispersé comme dans une infinité de cellules, qu'on détruit par cette agitation. Quelques-unes des parties du caillé tendent à s'affaisser au fond de la baste, mais d'autres nagent dans le petit-lait. On rapproche toutes ces parties avec la menole, à laquelle on a adapté une espece d'épée de bois qu'on nomme *mesadou fig.* 4. On tient cet équipage *fig.* 5. dans une situation verticale, & on le promene dans tout le contour de la baste, en se portant du centre à la circonférence, par ce moyen on parvient à former de tout le caillé un gâteau qui se précipite au fond du seau ; le petit-lait qui surnage se vuide ou avec une écuelle, ou par inclinaison, dans d'autres bastes, *fig.* 6.

Nous avons vû dans la description des procédés du fromage cuit & du fromage de Gerardmer, que ce petit-lait dont on a tiré le premier fromage contient encore une partie des substances caséeuse & butyreuse qui lui sont unies. En Auvergne on ne recherche d'abord que la substance butyreuse, & les procédés que nous allons décrire ont pour but de l'obtenir.

On mêle au petit-lait environ un douzieme de lait nouvellement tiré, & on le verse dans une baste *fig.*6. qui ait un pié & demi de hauteur sur autant de diametre, en conséquence de cette forme la partie butyreuse a moins de trajet à faire pour s'élever à la surface en vertu de fa légereté refpective ; elle fe porte outre cela vers cette furface par un plus grand nombre de points, eu égard à la maffe du petit-lait. Malgré cette difpofition favorable, la crême employe deux ou trois fois vingt-quatre heures à former une couche qui recouvre le petit-lait. Il femble qu'elle eft beaucoup plus de tems à fe féparer du caillé & du petit-lait après l'enlevement des parties qui compofent le fromage, que ne fembleroit le comporter la petite quantité de crême qui refte. Le beurre au refte fait de cette crême fecondaire eft d'un meilleur goût que celui de la première crême. Il paroîtroit par-là que ces portions plus adhérentes au petit-lait entraîneroient peut-être avec elles plus de ces principes falins que le petit-lait tient en diffolution. Il en eft de même de la pierre caféeufe, car le brocote qui eft un fromage fecondaire eft, comme nous l'avons vu, un mets plus agréable que le lait cuit avec tous fes principes.

Quoi qu'il en foit de la raifon phyfique de cet effet, lorfqu'on préfume que toute la crême qui peut fe former à la furface du petit-lait en eft féparée, on foutire le petit-lait par l'ouverture latérale, & la crême refte au fond de la bafte ; on l'enleve avec une écuelle ; on remet dans la bafte une nouvelle charge de petit-lait, avec un douzieme environ de lait nouvellement tiré, & on attend l'effet du repos.

Pendant ce tems-là on ne perd point de vue le gâteau de caillé qu'on a laiffé au fond de la bafte ; il y prend en peu de tems une certaine confiftance, qui fait qu'il conferve la forme du fond de la bafte où il s'eft moulé. On le retire de la bafte & on le ferre fortement avec les deux mains fur une table fig. 8. & dans une fefcelle fig. 11. pour en exprimer le petit-lait le plus qu'il eft poffible ; enfuite on le met dans une bafte fig. 2. de même forme que la première, & on la tient inclinée de telle forte que l'ouverture latérale qu'on a foin de ne pas boucher puiffe laiffer échapper le petit-lait à mefure qu'il s'égoutte, & le verfer dans une auge deftinée à le recevoir fig. 10. B.

On a outre cela l'attention de placer le caillé fur un lit de paille qui garniffe exactement tout le fond de la bafte fig. 7. Ce lit de paille a plufieurs avantages, il empêche que le gâteau de caillé ne touche immédiatement le fond de la bafte & ne bouche l'ouverture latérale qui fert à l'écoulement du petit-lait ; mais ce qui eft bien plus important, cette paille en laiffant échapper le petit-lait à mefure qu'il fe dégage du gâteau fait qu'il n'en imbibe pas les parties inférieures auxquelles il refteroit adhérent fans cette précaution. Lorfqu'on a plufieurs gâteaux de caillé, on met deffous le plus nouveau, & on le charge de ceux qui font déja égouttés. Par cet arrangement les gâteaux remplis de petit-lait s'égouttent fur la paille fans humecter de nouveau les autres. D'ailleurs le poids de ceux-ci fervant à comprimer les inférieurs hâte la fortie du petit-lait. Les gâteaux de caillé reftent dans cet état deux ou trois fois vingt-quatre heures.

Lorfque la faifon n'eft pas chaude on place la bafte près du feu, & dans l'efpace de tems dont je viens de parler toute la pâte du caillé, par un effet continu de la préfure aidée de la chaleur, augmente de volume affez confidérablement ; on y voit une infinité d'yeux, de vuides, qui font difperfés dans la maffe comme dans une pâte levée ; on dit alors que le caillé eft pouffé, & on l'appelle Tomme ; d'après ce fait je fuis très-tenté d'attribuer à l'action de la préfure les trous du fromage cuit dont je n'ai point développé la caufe.

Je dois faire remarquer qu'on lave foigneufement de trois en trois jours, dans l'eau tiede, la paille qui fert à foutenir les gâteaux de caillé, de peur que le petit-lait qui s'y attache ne contracte un goût d'acide qu'il communiqueroit à la tomme. On ne lave la paille qu'une fois, après quoi on en met de nouvelle.

Dès que la tomme eft pouffée, on l'emploie à faire des fromages. Pour cette grande opération le vacher fe met fur une table ovale faite à-peu-près comme la table d'un preffoir, avec une rigole tout-autour, & une goulerotte oppofée diamétralement à la place qu'il occupe fig. 8. 9. & 10. Cette table eft foutenue fur trois piés & fe nomme Chevre. Le vacher met d'un côté une

bafte pleine de gâteaux de tomme, & de l'autre les trois pieces qui compofent le moule du fromage. Ces trois pieces font, 1°. la fefcelle (fecella) ou le fond fig. 11. 2°. La feuille fig. 12. 3°. La guirlande fig. 13. La fefcelle eft une petite boîte cylindrique de huit pouces environ de diametre intérieur, dont le rebord qui s'évafe a deux pouces & demi d'élévation ; le fond eft un peu élevé au centre fig. 11. B, comme dans la forme de Gerardmer ; on y a pratiqué cinq trous, un dans le milieu & quatre dans le contour. La feuille eft un cercle de bois de hêtre ou de fer-blanc, dont une partie rentre fur elle-même, de forte qu'elle s'engage à volonté dans la fefcelle. Cette lame circulaire a quatre pouces & demi de largeur. La guirlande eft une portion de cône évuidé qui a deux pouces trois quarts de largeur fur fept pouces du petit diametre fupérieur, & huit pouces & demi de diametre inférieur ; il faut obferver que ces dimenfions ne font pas conftantes, & qu'elles changent fuivant la groffeur des fromages, mais celles-ci font les plus communes & elles varient peu.

Le vacher prend un gâteau de tomme & en coupe un morceau qu'il pétrit dans la fefcelle après y avoir jetté une petite poignée de fel. Il acheve de remplir la capacité de la fefcelle de la tomme pêtrie, falée & réduite en pâte, qu'il comprime le plus exactement qu'il peut. Enfuite il engage dans la fefcelle le bord inférieur de la feuille, & remplit cette feuille avec le même foin de tomme pêtrie & falée. Il place enfin deffus la guirlande qui maintient la feuille, parce qu'elle entre dans la guirlande de la largeur d'un pouce, il la remplit jufqu'au bord avec la pâte du caillé. On voit dans la fig. 14. a, les pieces du moule en fituation ; le vacher recouvre le tout d'un morceau de toile, & tranfporte le fromage avec fon moule fous une preffe fig. 14. B.

Cette preffe eft compofée d'une table foutenue fur quatre piés ; une rigole circulaire environne l'endroit où fe place le fromage fig. 15. une planche chargée de groffes pierres eft établie fur deux montans placés à une extrêmité, & on la fouleve de l'autre, & on l'arrête par le moyen d'une cheville qui fe place dans les trous d'un troifieme montant fixé à l'autre extrêmité fig. 16. On met le fromage dans le milieu de la table ; on abaiffe deffus la planche fupérieure chargée de pierre, en ôtant la cheville. Le fromage fe refferre & fe comprime par le rapprochement de la fefcelle & de la guirlande qui entrent dans la feuille fig. 14. B ; le petit-lait s'écoule par les cinq trous de la fefcelle & par les intervalles des trois pieces. On garde ce petit-lait, & comme il a diffout une certaine quantité de fel, il fert à humecter la furface des fromages qu'on garde à la cave.

Le fromage refte fous preffe pendant vingt-quatre heures environ, on le retourne enfuite dans le moule, & on l'y laiffe encore quelque tems fous preffe. On en retire pour le mette fécher fur une planche à côté de la cheminée, afin qu'il puiffe prendre un fupplément de fel. Alors on le tranfporte dans la laiterie ou dans une cave, & on a foin de l'humecter avec le petit-lait chargé de fel, dont j'ai parlé, lorfqu'on s'apperçoit que fa furface eft feche ; car comme le fel marin eft déliquefcent, lorfqu'il a pénétré en quantité fuffifante la maffe du fromage, il fe montre à la furface par une légere humidité. Ainfi l'état de féchereffe indique qu'il n'a pas eu affez de fel. On retourne les fromages tous les jours en les effuyant avec la main, & au bout de cinq mois de cave ils font faits. Les petits fromages n'ont befoin que de trois mois avant que d'être marchands.

On bat la crême qui s'eft féparée du petit-lait, comme je l'ai dit, dans un vaiffeau conique fig. 19. avec un bâton armé de deux planches en croix fig. 17. ou d'une feule planche percée de trois trous en croiffans fig. 3. Dès que le beurre eft féparé on foutire le petit-lait ; on le met bouillir, & l'on en dégage par l'ébullition feule le fromage fecondaire fans le fecours d'un acide fig. 18. La partie caféeufe paroît moins adhérente au petit-lait après l'extraction de la partie butyreufe ; on met ce fromage fecondaire dans une ferviette qu'on tient fufpendue en travers de la cabanne. *Art. de M. Defmaréts.*

Pl. I.

Fig. 19.

Fig. 18.

Fig. 16.

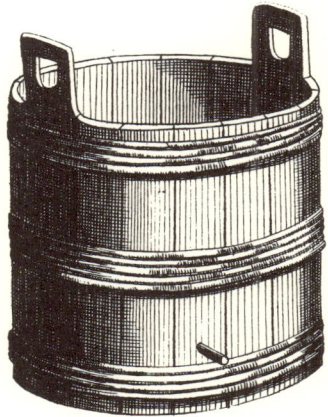

Fig. 6.

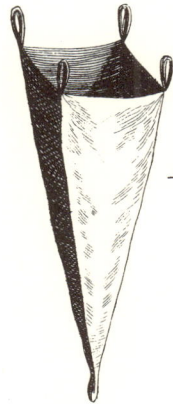

Fig. 1.

Fig. 7.

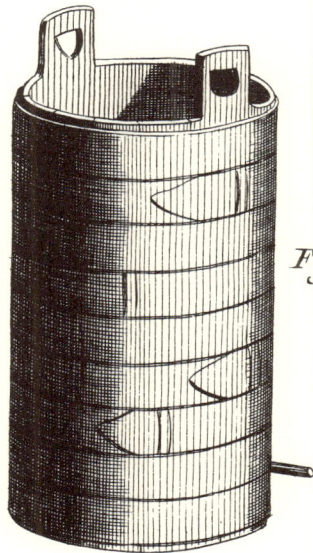

Fig. 2.

1   2   3   4   5   6   Pieds

Benard Fecit.

Fromage d'Auvergne

Pl. II.

Fig. 13.

Fig. 12.

Fig. 11.

Fig. 6 a.

Fig. 5.

Fig. 4.

Fig. 3.

Fig. 6 b.

Fig. 5.

Fig. 4.

Fig. 3.

Fig. 14 a.

Fig. 11 B.

Fig. 14 B.

Fig. 16.

Fig. 15.

Fig. 8.

Fig. 19.

Fig. 9.

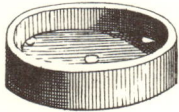

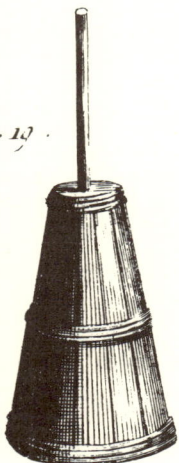
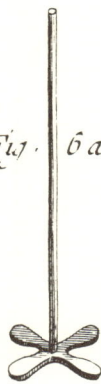

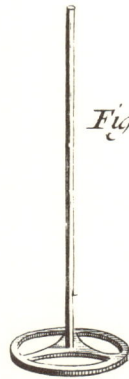
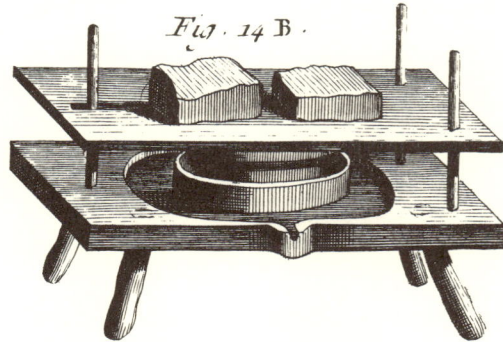
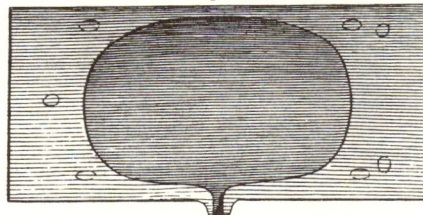
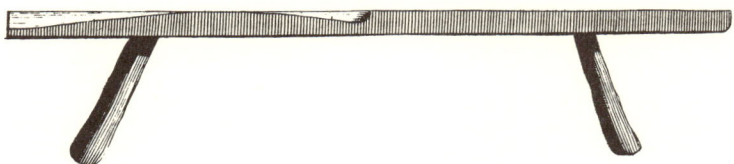
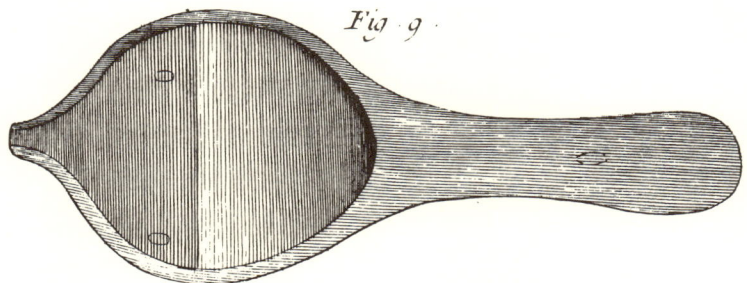

Fromage d'Auvergne, outils.

FROMAGE DE GRUIERES,

CONTENANT DEUX PLANCHES.

LE fromage connu sous le nom de *Gruieres*, de *Franche-Comté*, &c. ne doit point être diſtingué des autres par les matériaux qui entrent dans ſa compoſition, mais par les préparations qu'il reçoit, & ſur-tout par le degré de cuiſſon que l'on donne à ſa pâte, & qui lui communique cette fermeté & cette conſiſtance qui le rendent très-propre à circuler en grandes maſſes dans les provinces éloignées de celles où il ſe fabrique; en conſéquence je crois qu'on devroit le caractériſer par cette cuiſſon, & le nommer *fromage cuit*.

Il s'en fait en Suiſſe, dans la Savoie, en Franche-Comté, & dans les Voſges. J'expoſerai ici les détails qui concernent cet objet curieux d'économie ruſtique, tels que je les ai recueillis dans les Voſges : ils ſont aſſez ſemblables quant au fond à ceux que Scheuchzer a donnés dans ſon ouvrage intitulé *Itinera Alpina*, &c. Je me ſuis cependant attaché à rendre la deſcription de tous les procédés plus préciſe & plus pratique que celle du naturaliſte Suiſſe, laquelle eſt toujours vague, & ſouvent incomplette. J'ai ſuivi avec ſcrupule les manipulations les plus délicates, lorſqu'elles m'ont paru contribuer au ſuccès de l'opération, ou à l'éclairciſſement de la théorie.

On fait le fromage cuit dans des chaumes conſtruites ſur les ſommets applatis des plus hautes montagnes des Voſges pendant tout le tems qu'ils ſont acceſſibles & habitables, c'eſt-à-dire depuis la fonte des neiges, en Mai, juſqu'à la fin de Septembre, où les neiges commencent à couvrir ces montagnes. Une chaumiere deſtinée au logement des markaires & de leurs vaches, & placée au milieu d'un diſtrict affecté pour les pâturages, a donné le nom à ces chaumes. Le terme de *Markaire* eſt conſacré pour indiquer les pâtres qui ont ſoin des vaches, & qui préparent le fromage, ainſi que ceux qui ſont à la tête de ces établiſſemens économiques. De Markaire on a formé Markairerie, qui ſignifie également & la chaumiere, & la ſcience de faire les fromages cuits.

Ces habitations ou markaireries ſont compoſées d'un logement pour les markaires, d'une laiterie & d'une écurie pour les vaches; le plus ſouvent la laiterie n'eſt pas diſtinguée du logement des markaires, mais il y a toujours à part une petite galerie deſtinée à placer les fromages qu'on ſale ſur des tablettes de planches de ſapin fort larges.

Le corps de ces conſtructions eſt fait de madriers de ſapin placés horizontalement les uns ſur les autres, & maintenus par de gros piquets. L'intervalle des madriers eſt rempli de mouſſe & d'argille, ou ſcellé de planches: toute cette cage, qui n'a pas plus de ſept piés d'élévation, eſt ſurmontée par une charpente fort légere en comble, couverte de planches.

L'écurie eſt le plus ſouvent un bâtiment ſéparé de l'habitation des markaires; on a ſoin de la placer au-deſſous d'une petite ſource, telle qu'il s'en trouve fort fréquemment ſur ces montagnes élevées. L'eau conſervée d'abord dans un réſervoir qui domine ces habitations, eſt conduite par des tuyaux de ſapin mis bout-à-bout, dans le logement des markaires, & ſur-tout dans l'écurie. La conſtruction de l'intérieur de l'écurie paroît avoir été arrangée dans une intention bien décidée de tirer parti de cette eau. Le ſol de l'écurie eſt garni des deux côtés de deux eſpeces d'eſtrades faites de planches de ſapin, & élevées un pié au-deſſus d'un canal qui les ſépare, & qui occupe le milieu de l'écurie. Chacune de ces eſtrades n'a que la largeur néceſſaire pour que les vaches puiſſent s'y repoſer ou s'y tenir debout en rang. De cette maniere les planches ne ſont que très-peu ſalies, & ſeulement à l'extrêmité qui avoiſine le canal, par la fiente des vaches, qui tombe

preſque directement, pour la plus grande partie, dans ce canal. Les markaires ont grand ſoin, le matin & ſur les deux heures lorſqu'ils ont lâché les vaches, de nettoyer les planches. Enſuite ils font couler l'eau du réſervoir qui traverſe le canal & entraîne au-dehors tout le fumier qui s'y étoit amaſſé. Par ce moyen les vaches ſe paſſent de litiere, ce qui eſt un grand objet d'économie, car la paille eſt très-chere & très-rare dans tout le canton.

On lie les vaches par le cou à l'aide d'un cercle de bois qui s'adapte dans une autre piece de bois fourchue; les markaires ne veillent que très-peu ſur elles pendant qu'elles ſont répandues dans les pâturages. Une des plus vigoureuſes porte une ſonnette qui raſſemble les autres autour d'elle; d'ailleurs comme elles ſont d'une forte eſpece & un peu ſauvages, elles ſe défendent, en s'attroupant, contre les attaques des loups.

Dans le logement des markaires, qui eſt auſſi leur laiterie, on remarque d'abord le foyer placé à un des angles du bâtiment ſans tuyau de cheminée. Quatre ou cinq aſſiſes de granite ou de pierre, de ſable, diſpoſées en forme circulaire en compoſent toute la maçonnerie, *fig.* 1. D'un côté on apperçoit un baril où l'on conſerve du petit-lait aigri, & qu'on tient toujours expoſé à l'action modérée du feu; de l'autre eſt une potence mobile, *fig.* 2. à laquelle on ſuſpend une chaudiere, *fig.* 3. pleine de lait, qu'on place ſur le feu & qu'on retire à volonté; la forme circulaire du foyer eſt deſtinée à recevoir la chaudiere.

Les autres meubles de la laiterie ſont, 1°. un couloir, *fig.* 4. & ſon ſupport, *fig.* 5. Ce couloir eſt un vaiſſeau de ſapin en forme de cône tronqué, dont l'ouverture inférieure eſt garnie d'un tampon fait de l'écorce intérieure de tilleul, ou d'une plante qu'on nomme *jalouſie*, & qui eſt une eſpece de *lycopodium* ou pié-de-loup. 2°. Différens baquets *fig.* 6. dont les uns ſont plus larges que profonds, *fig.* 6. A, & d'autres plus profonds que larges, *fig.* 6. B. Quelques-uns de ces derniers ont des douves qui excedent, dans leſquelles on a pratiqué des entailles pour s'en ſervir à tranſporter de l'eau ou du petit-lait. 3°. Des moules ou formes, *fig.* 7. Ce ſont des cercles de ſapin où de hêtre, qui ont cinq à ſix pouces de largeur; une extrêmité rentre ſous l'autre d'un ſixieme environ de toute la circonférence. A cette extrêmité qui gliſſe ſous l'autre on a fixé par le milieu un morceau de bois qu'une rainure ou gouttiere traverſe dans les deux tiers de ſa longueur. Cette gouttiere ſert à y paſſer la corde qui tient à l'autre extrêmité extérieure du cercle, & par le moyen de laquelle on reſſerre ou l'on lâche cette extrêmité ſuivant le beſoin, & on maintient le tout en place en liant au morceau de bois par un ſimple nœud, le bout de la corde qui gliſſe dans la gouttiere; ce moule eſt préférable à celui que l'on trouve gravé dans Scheuchzer, & qui eſt un ſimple cercle dont la circonférence eſt arrêtée. 4°. Deux écuelles, l'une plate, *fig.* 8. & l'autre plus creuſe, *fig.* 9. 5°. Trois eſpeces de mouſſoirs pour diviſer le caillé; l'un a la forme d'une épée de bois, *fig.* 10. Le ſecond eſt garni de deux rangs de quatre demi-cercles chacun, diſpoſés à angles droits, *fig.* 11. Le troiſieme eſt une branche de ſapin, *fig.* 12. dont on a coupé les ramifications à trois ou quatre pouces de la tige, & dans la moitié de la longueur; l'autre partie eſt toute unie. 6°. Une table avec un eſpace ſuffiſant pour y placer le fromage lorſqu'il eſt dans ſa forme, cet eſpace eſt circonſcrit par une rigole qui porte le petit-lait dans un baquet, *fig.* 13.

C'eſt un contraſte aſſez étonnant que la figure dégoûtante des markaires, la plûpart Anabaptiſtes, & portant une longue barbe, avec la propreté de l'ameublement de leur laiterie, dont toutes les pieces ſont de ſapin.

Cette propreté qui est très-essentielle en markairerie, est entretenue par l'attention scrupuleuse qu'ont les markaires pendant les intervalles des différentes manipulations qu'exige la préparation de leurs fromages, de laver avec le petit-lait chaud toutes les pieces dont ils ne doivent plus faire usage, de les passer ensuite à l'eau froide en les essuyant. Ils se gardent bien d'y laisser le moindre vestige de petit-lait, il leur communiqueroit en s'aigrissant un mauvais goût, qui rendroit leur usage très-pernicieux.

On a coûtume de traire les vaches deux fois par jour, le matin vers les quatre heures, & le soir sur les cinq heures. Les markaires se servent pour cette opération de baquets profonds. Ils s'aident très-bien d'une espece de selle, *fig.* 14. qui n'a qu'un pié, lequel est armé à l'extrêmité d'une pointe de fer. Cette pointe entre dans le plancher, dont est recouvert le sol de l'écurie, & donne une certaine assiette à la selle. Elle est d'ailleurs attachée au markaire avec deux courroies de cuir qui viennent se boucler par-devant, ensorte que le markaire porte cette selle avec lui lorsqu'il se leve, sans que ses mains en soient embarrassées, & qu'il la trouve toute prête à l'appuyer dès qu'il veut se mettre en situation de traire une vache.

Lorsqu'on a tiré tout le lait qu'on destine à former un fromage, on commence à placer sur la potence mobile la chaudiere qui doit le contenir. On a eu soin de l'écurer auparavant avec une petite chaîne de fer qu'on y balotte en tout sens, de telle sorte que le frottement réitéré emporte toutes les parties de la crême, du fromage & des crystaux qui s'attachent aux parois de la chaudiere lors de la préparation du fromage.

On place ensuite sur la chaudiere le couloir avec son support, & on y fait passer tout le lait qui tombe dans la chaudiere; c'est ce qu'on appelle *couler le lait*. Cette opération se réduit à arrêter au passage d'un filtre grossier les impuretés que le lait contracte pendant qu'on le tire.

Avant que de mettre la présure, on expose la chaudiere pleine de lait à l'action d'un feu modéré, ensuite on enduit de présure les surfaces intérieure & extérieure de l'écuelle plate, *fig.* 8. & on la passe dans le lait, en la plongeant dans tous les sens. Cette présure, à l'aide de la chaleur communiquée au lait, s'y mêle aisément, & produit son effet d'une maniere plus prompte & plus complete.

Dès que la présure commence à faire sentir son action, on retire tout l'équipage du feu, & on laisse le lait dans un état de tranquillité à la faveur de laquelle il se caille en peu de tems. On coupe le caillé bien formé, & qui a acquis une certaine consistance, avec une épée de bois fort tranchante, *fig.* 10. & on en divise toute la masse suivant des lignes parallanes, tirées à un pouce de distance, & coupées à angles droits par d'autres lignes parallanes à la même distance. On sépare avec le même instrument les petites portions de caillé qui se trouvent dans les intersections des parallanes; on pousse ces divisions à la plus grande profondeur, de telle sorte que la masse soit désunie & réduite en matons grossiers. Le markaire les souleve ensuite avec son écuelle plate, & les laisse retomber entre ses doigts pour les diviser davantage. Il employe à différentes reprises son épée de bois pour couper le caillé, qui par le repos se réunit dans une masse. Ces repos ont pour objet de laisser prendre un certain degré de cuisson au caillé qu'on expose par degrés à l'action du feu. Ils favorisent aussi la précipitation du caillé au fond de la chaudiere, & sa séparation d'avec le petit-lait qui surnage. Le markaire puise le petit-lait, d'abord avec son écuelle plate; ensuite lorsque le maton plus divisé occupe moins de place par le rapprochement de ses parties, & par l'extraction du petit-lait qui étoit dispersé dans sa masse, le markaire employe une écuelle creuse, *fig.* 9. avec laquelle il puise une plus grande quantité de petit-lait, qu'il verse dans ses baquets plats, *fig.* 6. A.

Il juge qu'il a puisé assez de petit-lait, lorsqu'il en reste une quantité suffisante pour cuire la pâte du caillé divisée en petits grumeaux, & pour l'agiter continuellement avec les mains, avec l'écuelle, & avec les moufoirs, *fig.* 11. & 12. dont il se sert pour le brasser.

Lorsqu'on est parvenu à donner à la pâte la plus grande division possible, afin de lui faire présenter plus de surface à l'action du feu, on l'agite toujours, & on en ménage la cuisson en exposant la chaudiere sur le feu, & en la retirant par le moyen de la potence mobile. La pâte est assez cuite lorsque les grumeaux qui nagent dans le petit-lait, ont pris une consistance un peu ferme, qu'ils font ressort sous les doigts, & qu'ils ont un œil jaune. C'est-là le point que saisit le markaire; il retire la chaudiere de dessus le feu, agite toujours, & rapproche en différentes masses les grumeaux, ayant attention d'en exprimer le plus exactement qu'il peut le petit-lait; enfin il forme une masse totale des masses particulieres, & la retire de la chaudiere pour la mettre en dépôt dans un baquet plat, *fig.* 6. A.

Il a eu soin de préparer le moule, de le placer sur la table, & d'étendre par-dessus une toile à claire voie. Il y comprime à toute force la pâte en s'aidant de la toile dont il rapproche les extrêmités. Il couvre le tout d'une planche qu'il charge de grosses pierres, *fig.* 13. C. Le petit-lait s'égoutte, la pâte se moule & acquiert une certaine consistance. Le fromage reste pour cela comprimé du matin au soir, ou du soir au matin, on resserre seulement à différentes reprises le moule, en tirant la corde qui est fixée à l'extrêmité extérieure; enfin on retourne le fromage & on lui donne une autre forme moins large que celle où il s'est moulé d'abord. Il reste dans cette seconde forme pendant trois semaines ou un mois sans être comprimé par ses bases, & on se contente de le maintenir dans son contour. On le sale tous les jours en frottant de sel ses deux bases & une partie de son contour, & chaque fois qu'on le sale on resserre le moule. C'est pour faciliter cette opération qu'on a mis un moule moins large, afin qu'on puisse porter le sel dans une partie du contour. Les markaires ont pour principe que ces sortes de fromages cuits ne peuvent prendre trop de sel; aussi ils y en mettent assez abondamment en le frottant pour le faire fondre & le faire pénétrer. Lorsqu'ils s'apperçoivent que les surfaces n'absorbent plus le sel, ce qui s'annonce par une humidité surabondante qui y regne, ils cessent d'y en mettre. Ils retirent le fromage du moule & le mettent en réserve dans un souterrein. Plusieurs circonstances s'opposent à ce que ces fromages prennent un degré de sel suffisant. 1°. Lorsque la pâte n'a pas été assez ouverte par le ferment ou la présure, ces fromages n'ont pour-lors ni trous ni consistance. 2°. Lorsque le sel qu'on employe a retenu, lors de l'ébullition, un principe gypseux, qui forme sur le fromage une croûte impénétrable aux principes salins. 3°. Lorsque la pâte n'a pas eu une cuisson ménagée & une division assez grande, &c.

Au contraire ils prennent trop de sel, lorsque le ferment ayant trop ouvert la pâte en a désuni les principes, & les a réduits en une masse grumuleuse qui s'émiette.

Reprenons la suite de nos opérations. Les markaires après avoir mis leur fromage dans la forme, ramassent exactement le petit-lait qu'ils ont tiré de la chaudiere, & qu'ils ont mis en dépôt dans des baquets, & le versent dans la chaudiere. Ils exposent la chaudiere sur le feu, qu'ils ne ménagent plus jusqu'à ce que le petit-lait bouille. Ils ont mis en réserve une certaine quantité de petit-lait froid qu'ils versent à plusieurs reprises sur le petit-lait bouillant. Ce mélange produit une écume blanche lorsque le petit-lait a suffisamment bouilli. Dès qu'ils la voyent paroître, ils versent du petit-lait aigri qu'ils gardent dans le baril dont j'ai déjà fait mention, & qu'ils nomment *casé melich*. L'effet de cet acide est prompt; on voit une infinité de petits points blancs qui s'accumulent en masses capables de surnager sur le petit-lait, & qu'on enleve avec une écumoire. On nomme cette partie caséeuse *brocotte* dans les Vosges; *ricotta* en Italie, & *ceracée* dans la Savoie; c'est la nourriture ordinaire des markaires, & le régal de ceux qui vont les visiter: elle est d'un goût fort agréable.

On reconnoît qu'on a tiré du petit-lait toute la brocotte qui peut s'en dégager, & qu'on y a versé assez d'aigre, lorsqu'il ne se forme plus sur les bouillons une écume blanche. On donne aux cochons le petit-lait pur, après en avoir remis dans le baril une quantité égale à celle qu'on en a prise, afin qu'elle s'aigrisse avec l'autre. Les markaires accommodent des truites & font de la salade avec cet aigre, ils en boivent même pendant la préparation du fromage pour se rafraîchir, & ils le font avec un certain plaisir. Le petit-lait non aigri & dépouillé de tout caillé, se nomme *puron* ou *spuron*.

La brocotte qu'on ne peut pas consommer sur-le-champ, se met sur une serviette qu'on noue par les quatre coins, & qu'on suspend ainsi, *fig.* 15. elle s'égoutte & forme des fromages qu'on nomme *Schigres*. On les vend & on les consomme dans les environs; c'est proprement un fromage secondaire précipité du petit-lait, par le moyen d'un acide.

Cette opération revient assez à la maniere dont les Apothicaires éclaircissent leur petit-lait, en y mêlant de la crême de tartre qui agit comme acide, & qui dégage la partie caséeuse qui y est comme dissoute. La proportion de cette partie qui reste encore dans une espece de combinaison avec le petit-lait, m'a paru être environ le dixieme de la partie qu'on en a tirée d'abord. Ainsi du petit-lait dont on a tiré un fromage de quarante livres, on dégagera encore quatre livres de brocotte. Il paroît étonnant qu'on perde cette quantité là dans la plûpart des provinces de France, où l'on abandonne aux cochons le petit-lait qui a donné le premier fromage.

Fromage de Gerardmer.

Je parlerai ici par occasion des procédés qu'on suit dans la préparation des fromages de Gerardmer, qu'on fabrique aussi dans les Vosges, & qu'on débite dans toute la Lorraine & le Barrois; la comparaison des manipulations pourra être curieuse par les différences qui s'y trouvent.

On coule le lait dans un couloir d'une forme particuliere, *fig.* 16. & qu'on fait à Gerardmer. On le garnit, comme je l'ai dit ci-dessus. On place le couloir sur deux sortes de supports dont on peut voir la forme, *fig.* 17. & 5. ensuite on fait un peu chauffer le lait, si la température n'est pas à un certain degré, & l'on y met la pré-

sure. Lorsque le caillé est formé, on le verse dans des formes cylindriques dont le fond est proprement comme le cul d'une bouteille. Cette surface conique est percée de cinq trous, un à la pointe du cône, & les quatre autres dans une rigole où sa base vient aboutir. La forme a environ quatre pouces de diametre, sur deux piés de hauteur, & le cône du fond un pouce de hauteur sur quatre pouces de base. Cette disposition du fond de la forme m'a paru très-favorable à l'écoulement du petit-lait, & beaucoup plus que le simple plan de la base du cône. On favorise aussi cet écoulement par des entailles pratiquées sur la longueur du cylindre. Il y en a deux rangs; on laisse égoutter quelque tems le fromage dans cette forme, après quoi on le met dans une nouvelle forme qui est moins haute & plus large, & dont le fond est toujours un cul de bouteille, ensorte que cette impression reste dans le fromage moulé en creux. On transporte ces fromages un peu secs dans des caves où ils passent en moins de deux mois, à la faveur de la chaleur uniforme de ces souterreins.

On retire du petit-lait la portion de caillé qui y reste. Toute l'opération est semblable à celle que j'ai décrite. Il y a seulement de la différence entre la brocotte qu'on dégage de ce petit-lait qui n'a pas été exposé à une chaleur aussi grande que dans la préparation du fromage cuit, & la brocotte que j'ai décrite. La premiere n'est proprement qu'une écume légere qui ne forme pas des masses aussi fermes & aussi mattes que celle du fromage cuit. Elle s'enleve avec une écumoire & se fouette ensuite avec un balai qui la fait mousser, *fig.* 20. elle est liquide comme la crême cuite & en a le goût.

On employe pour battre la crême dans quelques-unes des chaumes où l'on fait du beurre, une machine fort ingénieuse, *fig.* 19. & qui accélere le travail. C'est une boîte circulaire où l'on renferme la crême: on lui communique un mouvement de rotation sur un axe dont le prolongement porte une manivelle. La crême s'élance contre les planches trouées qui la traversent comme autant de rayons, & se bat. Cependant l'usage de cette machine n'est pas général, parce qu'on s'est apperçu qu'elle produisoit un déchet considérable par la quantité de crême & de beurre qui reste adhérente dans les réduits multipliés de ses parois intérieures.

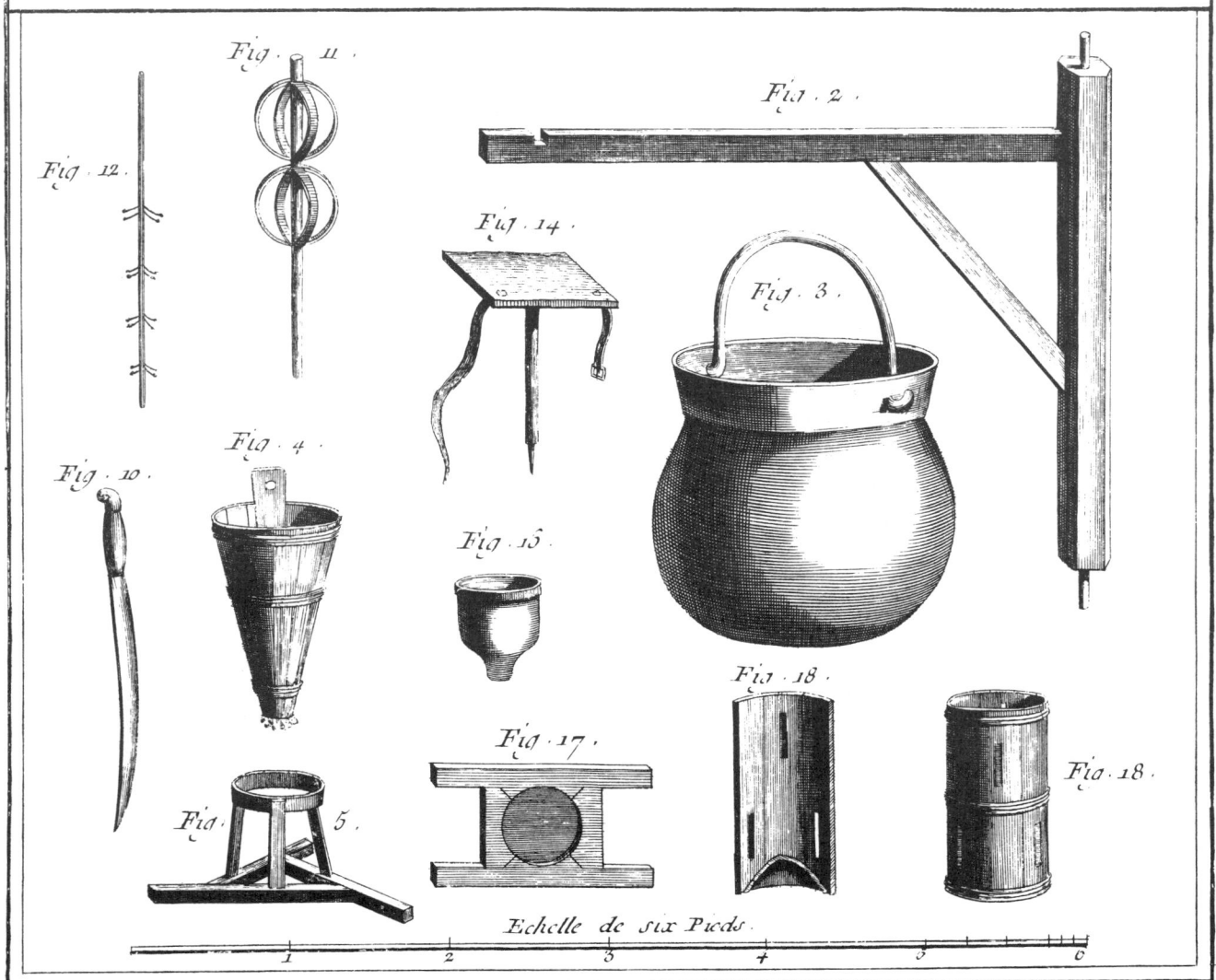

Pl. 1.

Fig. 1
Fig. 2
Fig. 3
Fig. 13 c
Fig. 6 b
Fig. 14
Fig. 5
Fig. 7

Fig. 11
Fig. 12
Fig. 2
Fig. 14
Fig. 3
Fig. 10
Fig. 4
Fig. 15
Fig. 18
Fig. 17
Fig. 5
Fig. 18

Echelle de six Pieds.

Benard Fecit

Fromage de Gruieres et de Gerardmer

Pl. II.

Fig. 19 b.

Fig. 19 a.

Fig. 19 c.

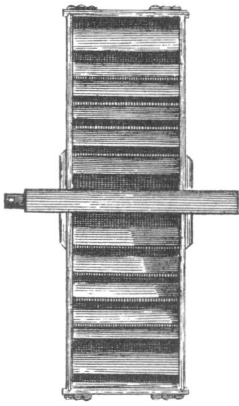

Fig. 6 a.

Fig. 7.

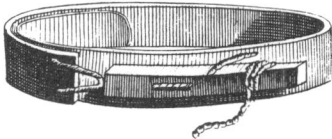

Fig. 6 B.

Fig. 6 b.

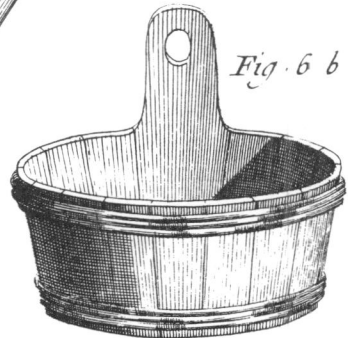

Fig. 20.

Fig. 13 B.

Fig. 6 B.

Fig. 8.

Fig. 13.

Fig. 6.

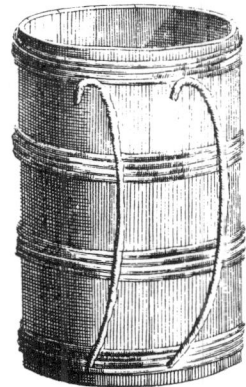

Fig. 9.

Echelle de Six Pieds.

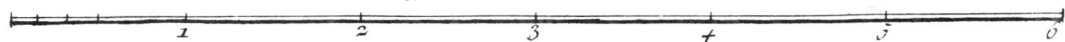

1   2   3   4   5   6

Benard Fecit.

Fromage de Gruieres et de Gerardmer.

MEUNIER,

Contenant cinq Planches.

PLANCHE Iere.

LA vignette repréſente l'élévation d'un moulin vu en-dehors. A, arc tournant. B, roue du dehors. C, aubes & coyaux. D, homme qui leve la vanne. E, pont de pierre. F, logement du meûnier. G, corde ſervant à monter les ſacs.

Bas de la Planche.

Fig. 1. Plan des meules qui rendent la farine rouge, le ſon lourd & mal écuré : ce qui provient de la mauvaiſe qualité des meules, de la maniere de les rhabiller & de l'irrégularité des rayons.

2. Plan des meules à moudre par économie. A, meule courante. B, engravure de l'annille ou place de la clef, *fig.* 1. B, l'annille ſcellée ſur la meule, *fig.* 2. C, meule giſſante. D, place où l'on met la boëte, *fig.* 1. D, boëte & boëtillons, *fig.* 2. E, coupe de la meule courante avec les engravures de l'annille F, *fig.* 1. La même garnie de l'annille, *fig.* 2. G, coupe de la meule giſſante, avec la place de la boëte H, *fig.* 1. La même garnie de ſa boëte, boëtillon & faux-boëtillon, *fig.* 2.

PLANCHE II.

Coupe du moulin ſur la largeur.

A, pont de bois. B, vanne de décharge. C, pont de pierre qui conduit à la vanne mouloire. D, entrée principale. E, eſcalier pour monter au premier étage. F, rouet avec chevilles G, arbre tournant. H, tourillon. I, hériſſon & chevilles. K, lanterne à fuſeaux pour faire tourner la petite bluterie. L, lanterne à faire tourner la meule. M, croiſée. N, fer. O, palier. PP, les deux braies. Q, lanterne à faire monter les ſacs. S, arbre de couche portant une lanterne & des poulies, ſervant à faire tourner les bluteries & tarare des étages ſupérieurs. T, meule giſſante. V, meule courante. X, enchevetrures. Y, annille. Z, archures & couvercles qui entourent & couvrent les meules. & &, trémions & porte-trémions. 1, auget. 2, trémie. 3, crible de fil de fer, ou crible d'Allemagne. 4, moulinet pour lever la meule. 5, bluterie à ſon gras. 6, auget de la bluterie. 7, trémie de la même bluterie. 8, tarare ſervant à nettoyer le bled. 9, ailes du tarare. 10, poulie. 11, corde à faire tourner le tarare. 12, trémie & auget. 13, anche qui conduit le bled du tarare dans le bluteau de fer blanc. 14, bluteau de fer blanc à paſſer le bled. 15, poulie & corde ſervant à faire tourner même bluteau. 16, ouvrier qui jette du bled dans la trémie. 17, baſcule à monter les ſacs. 18, garouenne de dehors pour monter les ſacs. 19, corde à pareil uſage. 20, garouenne du dedans. 21, rouleau à faciliter le cable. 22, ouvrier qui engrène le cable. 23, autre qui verſe du bled dans le tarare.

PLANCHE III.

Coupe du moulin ſur la longueur.

A, ouvrier qui avance ou recule le chevreſſier.

B, chevreſſier du dehors. C, chaiſe qui porte l'arbre tournant. D, arbre tournant. E, tourillon. F, maſſif ſervant à porter la chaiſe. G, roue à vanne. HH, aubes. II, coyaux. K, niveau de l'eau qui fait tourner la grande roue. L, rouet, embraſures & chevilles. M, chevreſſier du dedans. N, hériſſon ſervant à faire tourner la bluterie de deſſous. O, palier. P, lanterne à monter le bled. Q, les deux braies. R, beffroi. S, batte & croiſée. T, lanterne. V, babillard. X, baguette pour remuer le bluteau qui tamiſe la farine. Y, baſcule pour engrèner la lanterne qui fait tourner la bluterie du deſſous. Z, bluteau ſupérieur. &, partie ſupérieure de la huche, où tombe la farine lorſqu'elle ſe tamiſe. a, accouples du bluteau. b, bluterie cylindrique tournante. c, anche qui conduit les iſſues dans la bluterie du deſſous. d d, les différens gruaux. e, lanterne à faire tourner la bluterie du deſſous. f, chaiſe du dedans. g, poulie & corde à faire monter le bled. h, corde à monter les ſacs. i, anche des meules ou conduite de la farine dans le bluteau. k, cordages & poulies faiſant tourner les bluteries au-deſſus. l, trempure pour approcher les meules. m, meule giſſante. n, meule courante, vue en coupe. o, enchevetrure. p, annille. q, frayon. r, archures. ſ, ſ, trémions & porte-trémions t, poulie & corde ſervant à élever ou baiſſer l'auget. u, auget. x, trémie. y, crible de fer. ʒ, moulinet, cable & vintaine à élever la meule pour rhabiller. 1, bluterie à ſon gras. 2, auget. 3, trémie. 4, ſonnette avec une corde, pour avertir lorſqu'il n'y a plus de bled dans la trémie. 5, tarare ſervant à nettoyer le bled. 6, ailes du tarare. 7, trémie du tarare. 8, auget du tarare. 8, bluteau de fer blanc pour cribler le bled. 10, ouvrier qui renverſe un ſac de ſon gras dans une trémie. 11, deſſous de l'eſcalier. 12, baſcule à faire monter les ſacs. 13, garouenne à tirer les ſacs. 14, ouvrier qui engrène le cable pour faire monter les ſacs. 15, corde à monter les ſacs. 16, palier de l'eſcalier. 17, ouvrier qui ramaſſe le ſon.

PLANCHE IV.

Nouvelle crapaudine ſervant à porter le pivot ou la pointe de fer.

La *fig.* 1. donne le plan de la crapaudine. A, crapaudine ou pas qui porte la pointe du fer. B, boëte ou poëlette, dans laquelle eſt enfermée la crapaudine. C, chaſſis de cuivre, à travers duquel paſſent les vis de preſſion. DD, vis de preſſion pour faire couler la poëlette du côté néceſſaire pour dreſſer les meules. EE, boulons pour arrêter le chaſſis ſur le palier. FF, groſſe piece de bois ou palier ſur lequel ſe poſe la crapaudine. G, plaque de tôle ou de fer-blanc battu, pour faciliter la poëlette à couler avec plus d'aiſance. H, quarré ponctué qui déſigne le plan du fer. Il eſt à obſerver que lorſque les crapaudines n'ont qu'un ſeul pas, quatre vis ſuffiſent.

Les *fig.* 2 & 3 repréſentent différentes clefs pour ſerrer plus ou moins les vis de preſſion.

Fig. 4. principale méchanique du moulin. A, coupe de la meule courante. B, coupe de la meule giſſante. C, annille ou clef de la meule courante.

D, papillon du gros fer. E, fusée. F, pointe du fer. G, boëte & boëtillons. H, faux-boëtillon de tôle. I, frayon à remuer l'auget. K, trémie où l'on met le bled. L, auget qui conduit le bled dans l'œillard de la meule. M, corde du baille-bled, servant à élever plus ou moins l'auget. N, anche qui conduit la farine dans le bluteau mouvant. O, lanterne à fuseaux pour faire tourner la meule. P, baquette pour secouer le bluteau. Q, croisée pour faire mouvoir le babillard. R, le pas ou crapaudine pour porter le pivot ou la pointe du fer. S, palier & les deux braies. T, arbre tournant. U, rouet, embrasures & chevilles. V, hérisson & chevilles, pour faire tourner la lanterne 8 qui est au-dessous. X, tourillon. Y, plumard de cuivre pour porter le tourillon. Z, chevressier ou chaise de l'arbre tournant. &, babillard. 1, batte. 2, baguette ou clogne. 3, bluteau mouvant. 4, accouples du bluteau. 5, huche où tombe la farine lorsqu'elle se tamise. 6, petite porte à coulisse, pour tirer la farine hors de la huche. 7, bluterie tournante pour tamiser les différens gruaux. 8, lanterne de la bluterie à gruaux. 9, bascule pour engrêner la lanterne dans l'hérisson, à dessein de faire tourner la bluterie. 10, épée de la trempure pour élever plus ou moins la meule courante par le moyen d'une bascule 11, & de son contrepoids 12. 13, beffroi, pour porter le plancher des meules. 14, pied droit ou pilier en pierre. 15, bastiant.

PLANCHE V.

Différens détails & outils.

A D, le gros fer. A, papillon. B, fusée. C, fer. D, pointe du fer. E, pas ou crapaudine. F, plan de la crapaudine. G, une des chevilles du rouet. H, fuseau de la lanterne. I, petit coin de fer pour dresser la meule. K, plan de l'annille. L, tourillon. M, frayon. N, plan de la boëte. O, coupe de la boëte. P, autre coupe de la boëte. Q, plumard de cuivre servant sous les tourillons R de l'arbre tournant. A*, orgueil ou crémaillere qui sert d'appui à la pince pour lever la meule. B*, pince pour lever la meule. C*, coin de levée qui sert à caler la meule à mesure qu'on la leve. D*, pipoir qui sert à serrer les pipes ou petits coins. E*, pipe ou petit coin de fer servant à serrer la meule courante. F*, rouleau servant à monter ou descendre la meule pour la remettre en sa place. G*, marteau à rhabiller les meules. H*, marteau à grain d'orge, servant à engraver l'annille. I*, marteau, servant à piquer les meules. K*, masse de fer, servant à frapper sur le pipoir.

Toises

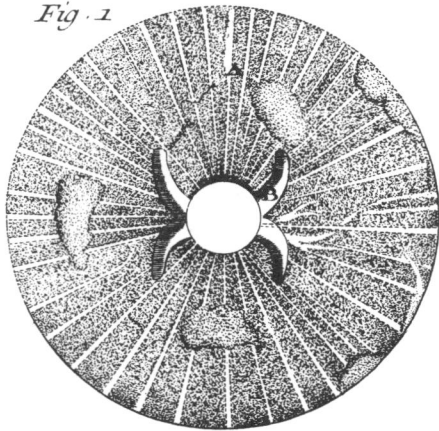

Fig. 1.

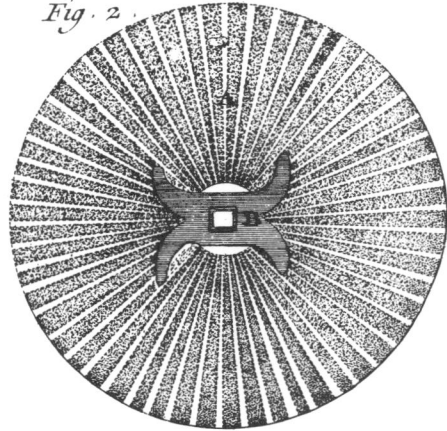

Fig. 2.

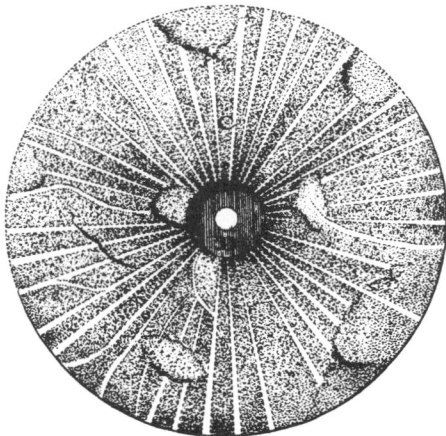

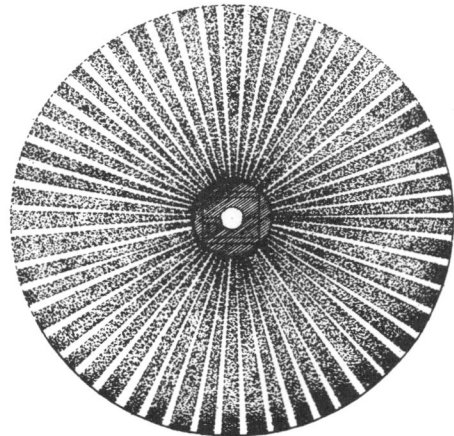

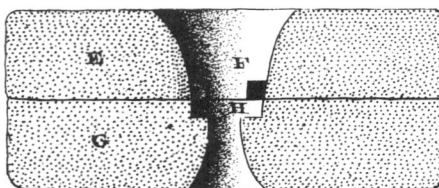

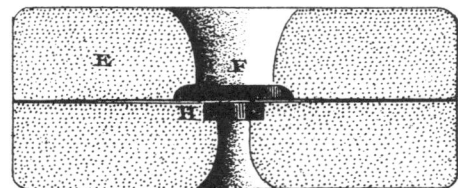

Pieds

Benard Direx.

Meunier.

Coupe sur la largeur

S

B

C D

A

Toises

1   2   3   4

Meunier.

Coupe sur la longueur du Moulin.

Echelle de 4 Toises.

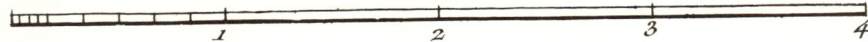

1   2   3   4

Meunier.

Fig. 1.

Fig. 2.

Fig. 3.

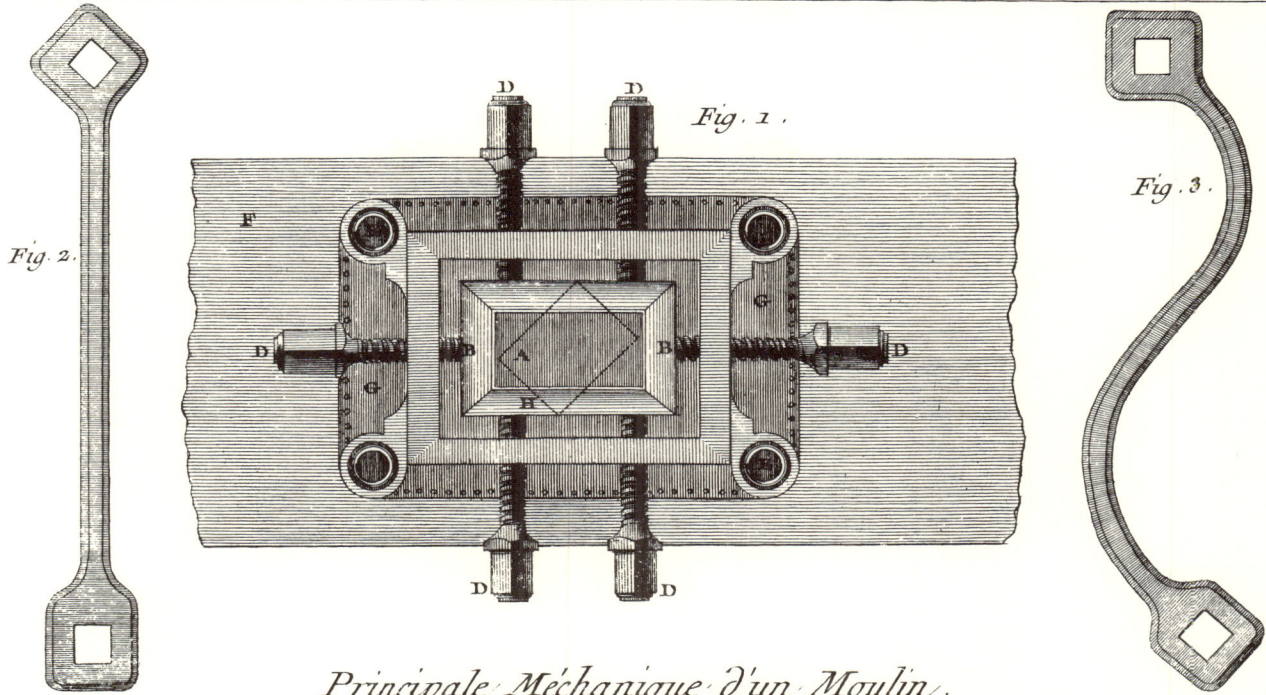

Principale Méchanique d'un Moulin.

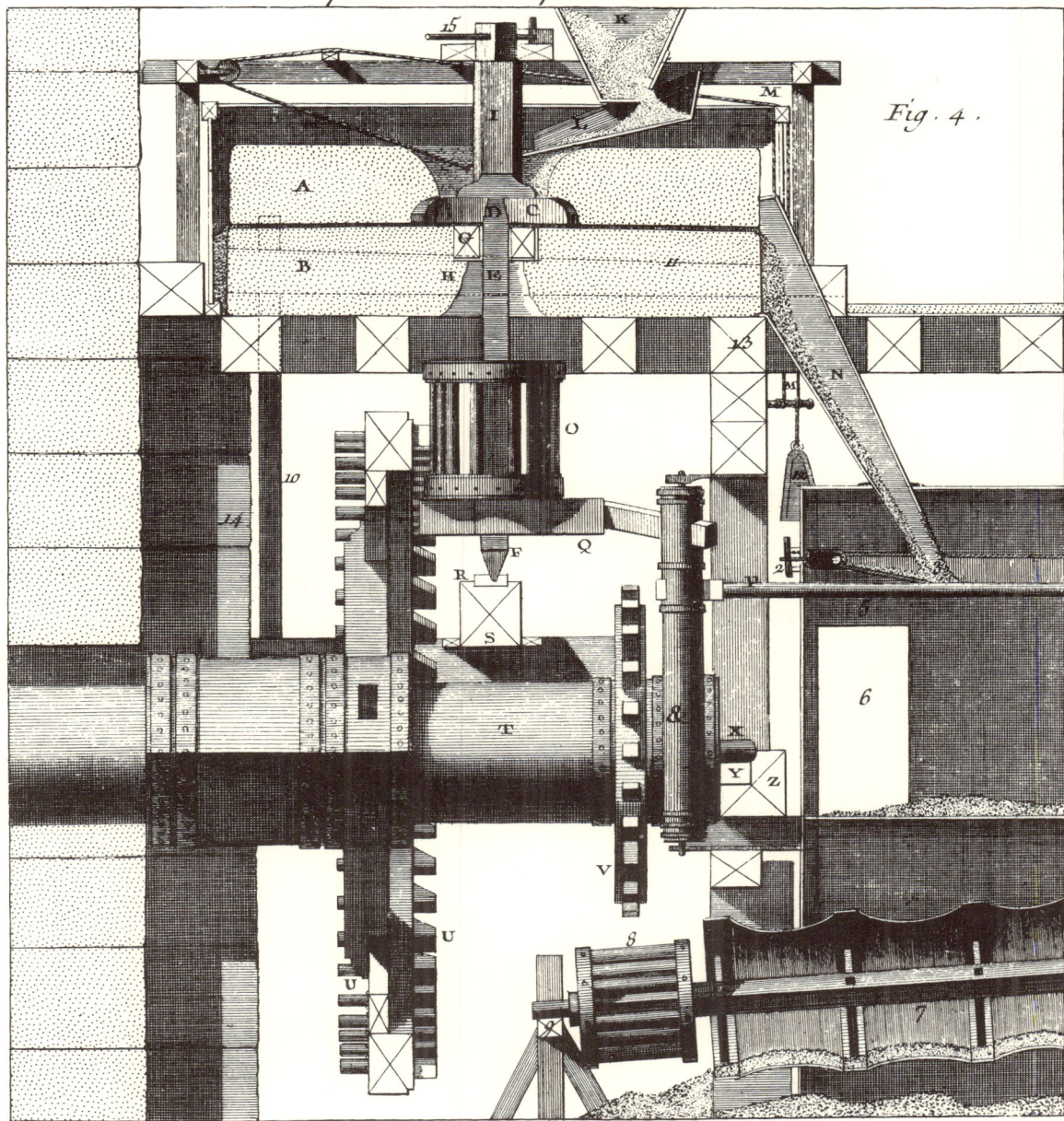

Fig. 4.

Echelle de ————— Pieds

Meunier.

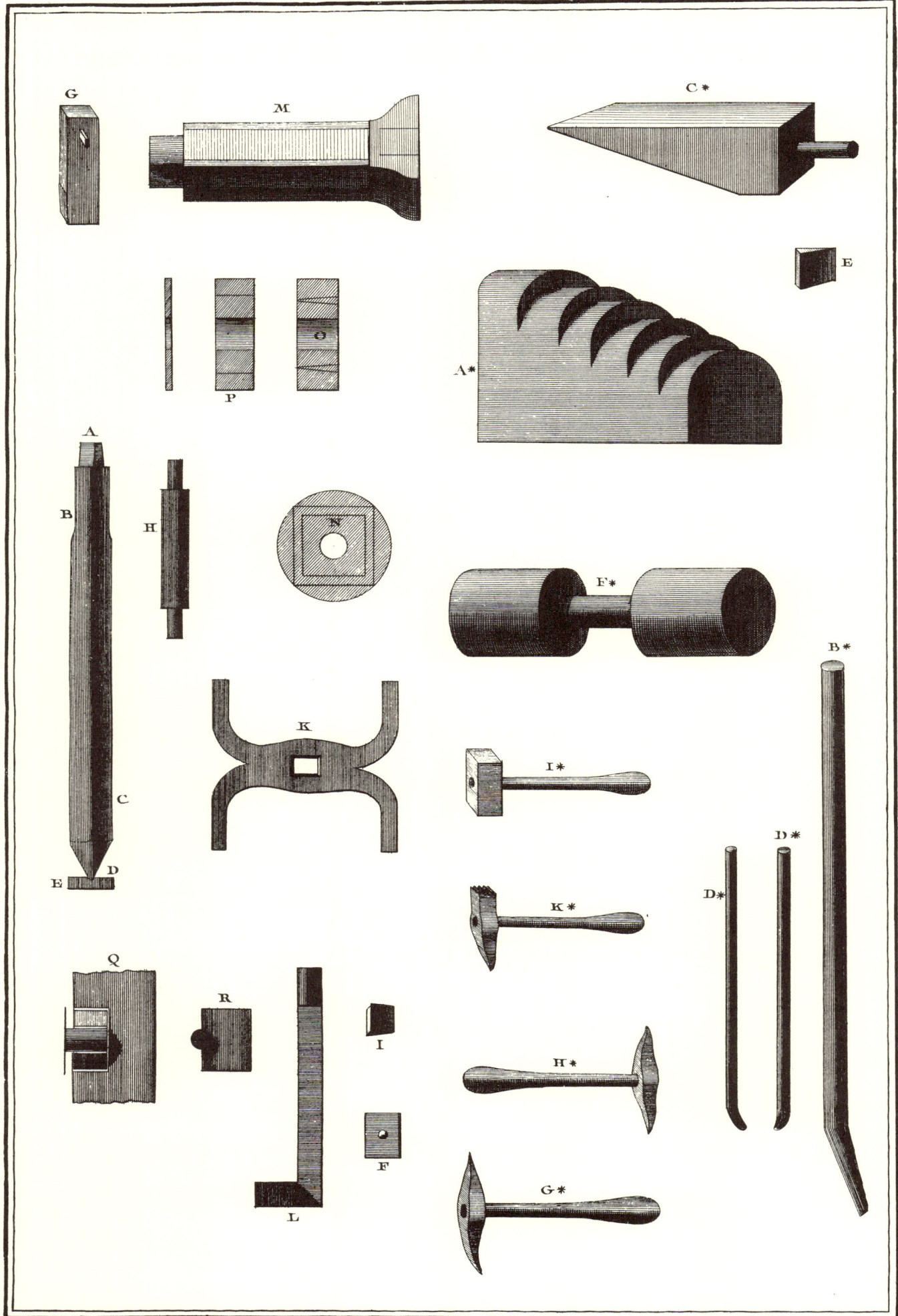

Meunier.

AGRICULTURE ET ÉCONOMIE RUSTIQUE,

CONTENANT *six Planches.*

PLANCHE Iere.

FIGURES 1, 2, 3 & 4. Sembrador ou spermatobole d'Espagne.

5 & 6. Semoir d'une construction nouvelle pour semer les pois & les feves.

7 & 8. Charrue double qui trace deux sillons à la fois.

9 & 10. Semoir de l'invention du docteur Hunter d'York.

PLANCHE II.

Fig. 1, 2 & 3. Nouvelle construction de couches que l'on échauffe par la vapeur de l'eau bouillante.

PLANCHE III.

Fig. 1. Semoir de l'invention de M. Rundall, Anglois. A, la chaîne qui sert à tirer la charue. B, C, D, F, G, les coutres. E N, timon du milieu. M, traverse. H, roue dentelée. O, autre traverse. I, bord supérieur de la tremie. K, cône renversé où l'on met le grain. P P, trous pratiqués dans l'essieu.

2. Moulin à main pour moudre le froment. A, la manivelle. B, cylindre à l'extrémité duquel est attachée la roue de fer D. C C, soutiens du cylindre. E, roue dentelée, laquelle s'engrene dans la roue F, dont l'axe tient au rouleau qui est dans la boîte G. H H, deux plaques de cuivre qui la ferment par

les côtés. I, vis qui sert à ralentir & à accélérer à volonté le mouvement du rouleau.

PLANCHE IV.

Fig. 1 & 2. Chariot propre à applanir & entretenir les chemins.

3. Tombereau à gravier qui se charge de lui-même. A B, coffre du tombereau. C D, l'essieu. H I, autre essieu d devant, auquel est attaché le manche de la cuillier. L, la cuillier. F, G, deux petites roues garnies de chevilles. M, N, deux leviers que les chevilles font mouvoir.

PLANCHE V.

Fig. 1, 2, 3 & 4. Charrue propre à faire des tranchées : *fig.* 1, perspective de cette charrue ; 2, la même vue par devant ; 3, vue par derriere ; 4, coupe qui montre la disposition des trois coutres.

PLANCHE VI.

Fig. 1. Le coupe-choux perfectionné pour couper les pommes de terre.

2. Séchoir, pour sécher les pommes de terre coupées en tranches.

3. Etendage.

4. Moulin, pour réduire les pommes de terre en farine.

PURIFICATION ET BLANCHISSAGE DE LA CIRE,

CONTENANT *une Planche.*

LA vignette représente (*fig.* 1.) des ruches vuides *d*, près desquelles est un baquet *e*, qu'on transporte près de la table *h* (*fig.* 2.) pour y mettre les rayons dont la cire est brune, & ceux qui ne contiennent que du couvain.

Sur la table *h* (*fig.* 2.), on pose horizontalement les ruches pour en tirer les rayons : ceux qui sont noirs & ceux qui sont remplis de couvain, se jettent dans le baquet ; les beaux rayons sont mis dans le vaisseau *f*, après qu'on a passé légérement une lame de couteau sur les alvéoles, pour en rompre les couvercles. Le miel le plus beau découle du vaisseau *f* dans celui *g* ; *r* sont des ruches vuides ; *k* est un baril en chantier, avec un entonnoir pour y verser le miel ; *i* sont des barils remplis de miel commun ; *l* des barils remplis de beau miel.

On voit (*fig.* 3.) des baquets *m* à démiéler la cire ; les seaux *n* reçoivent l'eau qui sort par les cannelles. Le

baquet qui est à côté sert à porter la cire démiélée à la chaudiere où elle doit être fondue.

Sous la cheminée (*fig.* 4.) sont les chaudieres *o* posées sur des trépieds. On met de l'eau dans les chaudieres, & par dessus la cire démiélée. Quand elle est fondue, on la verse sur une toile claire posée sur la chaudiere *u* ; ce qui passe est refondu, & versé dans les moules *p* pour former les gros pains de cire *q* : le marc qui reste sur la toile est passé ensuite à la presse (*fig.* 5.) : ce marc se met dans un sac de toile forte, & lorsqu'on le presse il découle dans le vaisseau I.

Bas de la Planche.

A, spatule de fer. B, seau de bois. C, brouette. D, fourche à trois fourchons garnis d'osier. E, tamis de crin. F, pelle à rejetter. G, rabot. H, fauchet *ou* rateau. I, petite fourche. K, burette servant d'éculon.

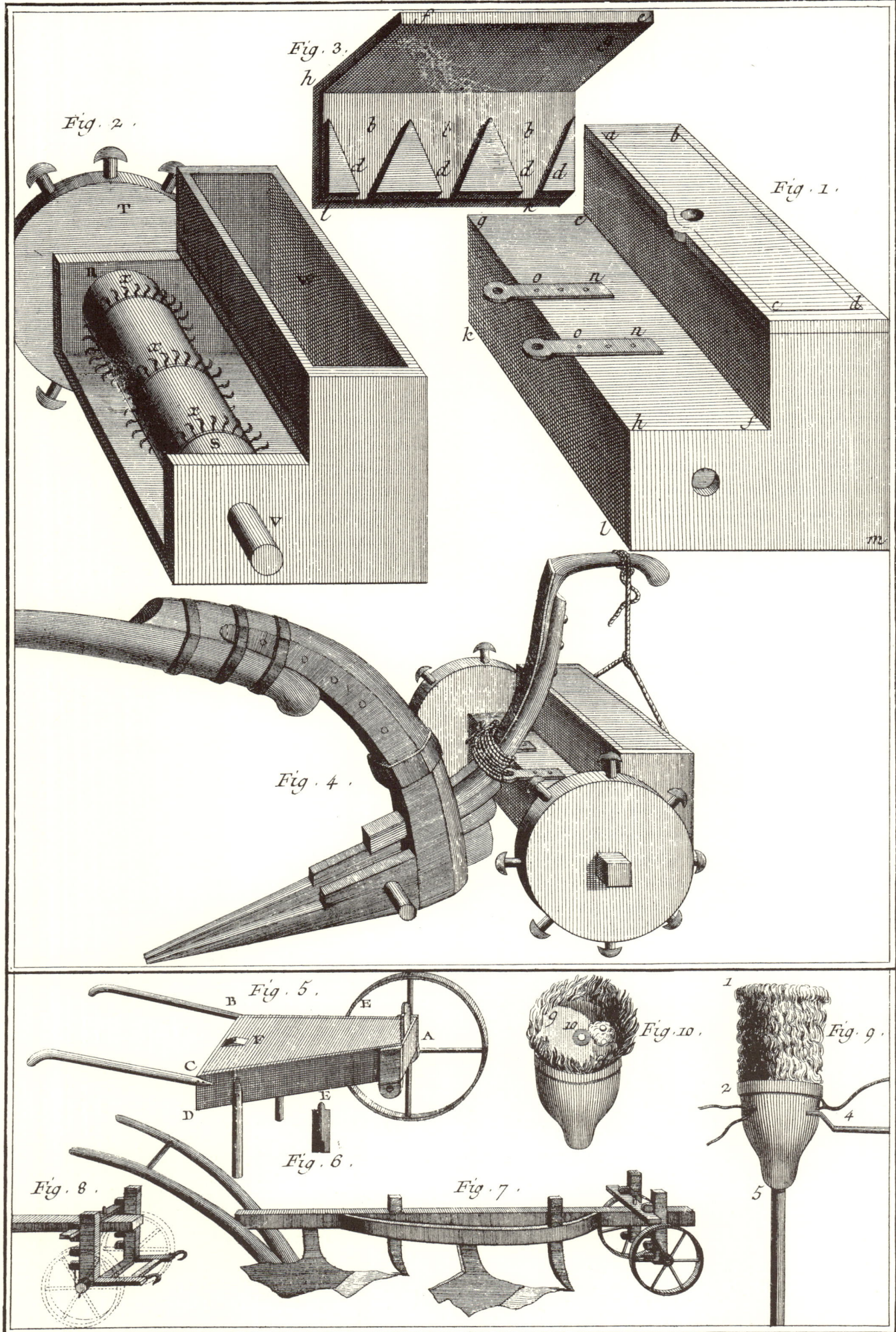

Fig. 3.

Fig. 2.

Fig. 1.

Fig. 4.

Fig. 5.

Fig. 6.

Fig. 8.

Fig. 7.

Fig. 10.

Fig. 9.

Benard Direx.

Agriculture.

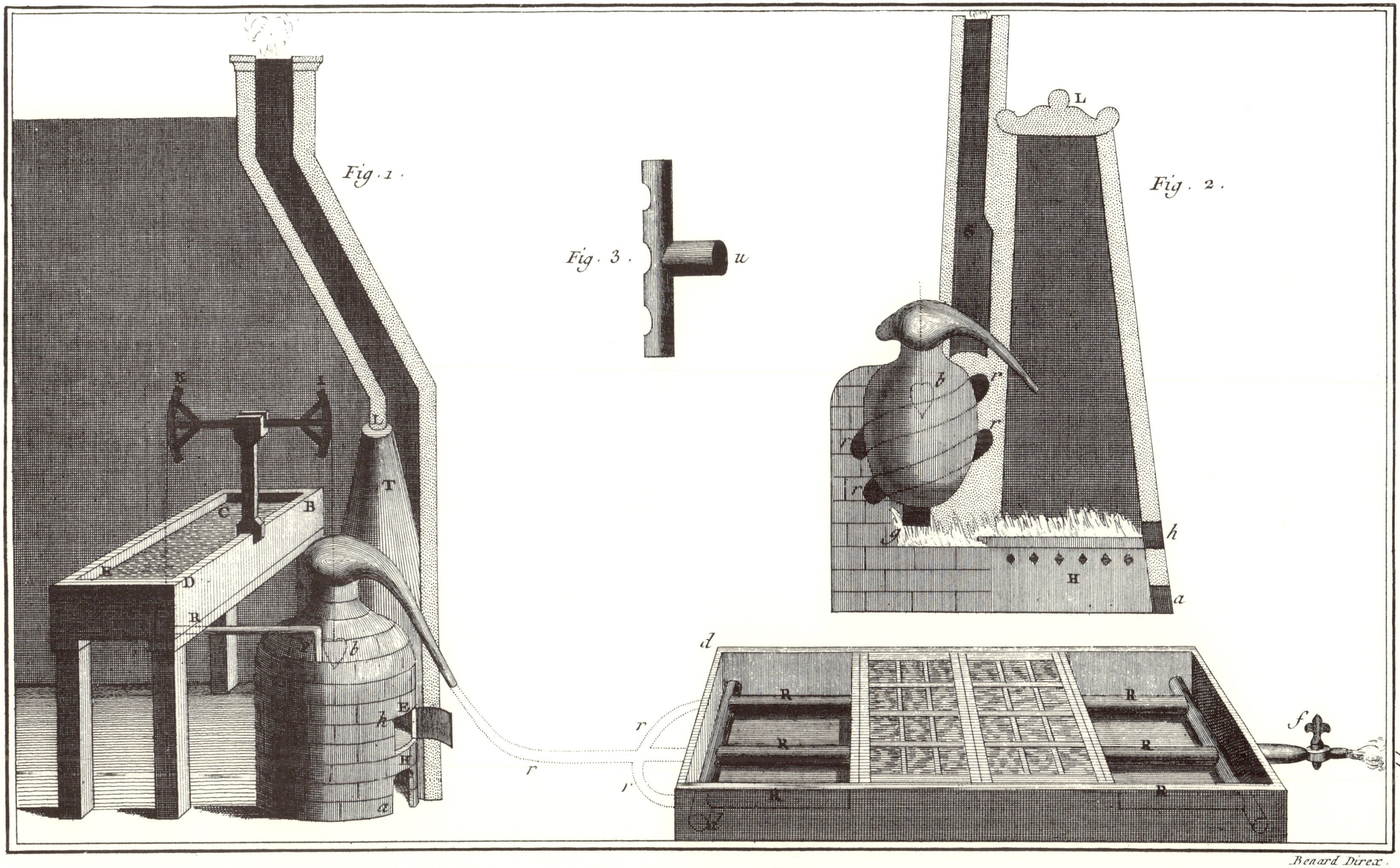

Benard Direx.

Fig. 2.

Fig. 3.

Fig. 1.

Agriculture Jardinage, Couches.

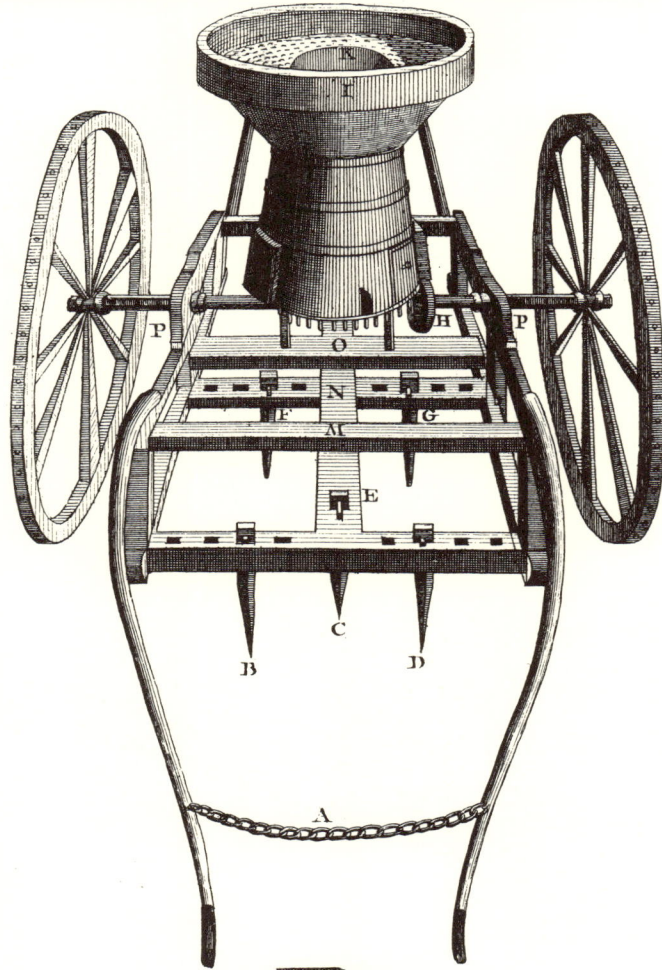

Fig. 1.

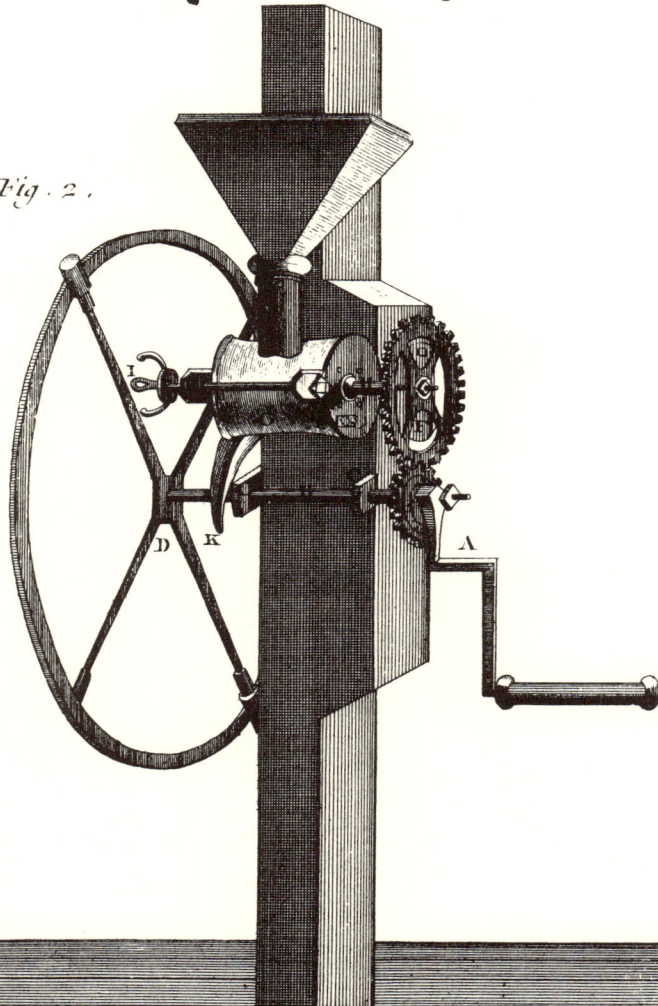

Fig. 2.

Agriculture, Semoir, Moulin à main.

Fig. 2.

Echelle de 6 Pieds Anglais
1   2   3   4   5   6

Fig. 1.

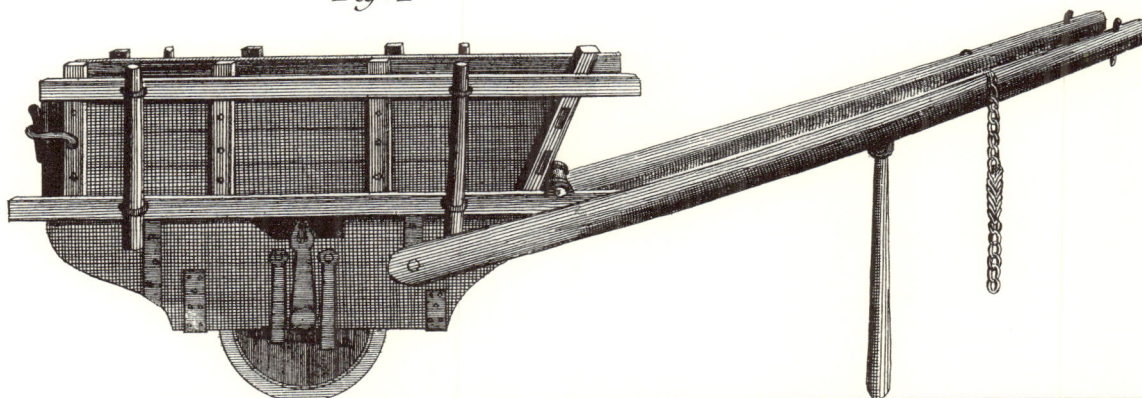

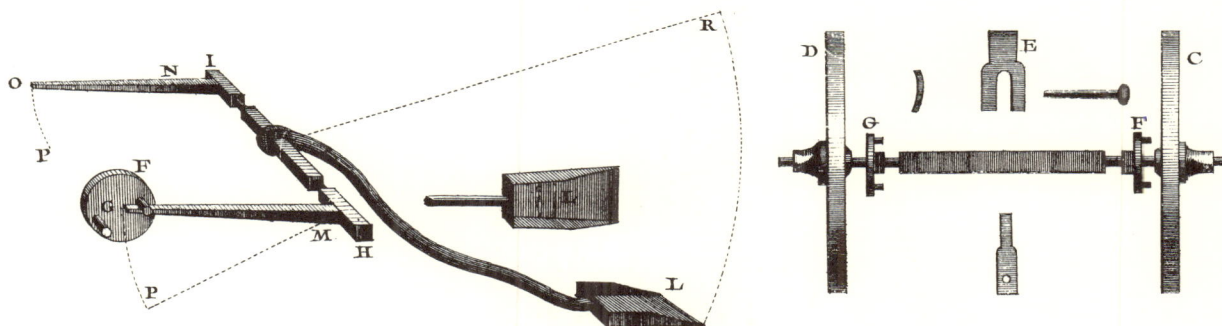

Fig. 3.

Benard Direx.

Agriculture Economie Rustique, chemins.

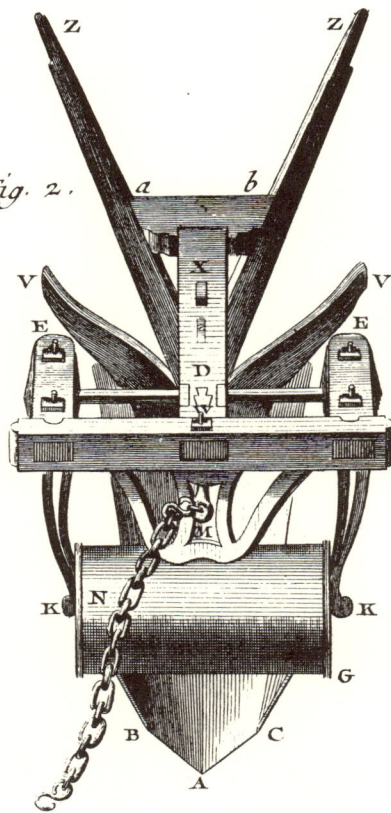

Fig. 2.

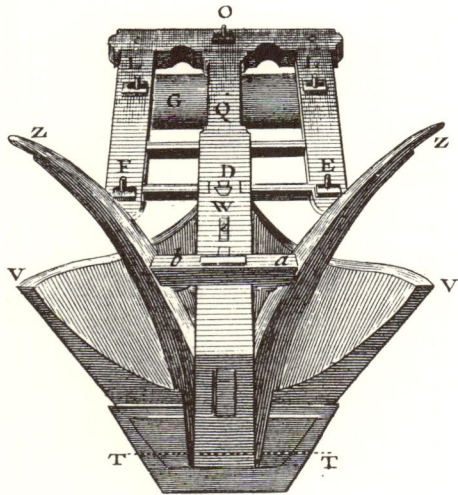

Fig. 3.

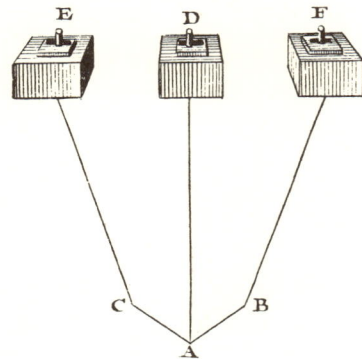

Fig. 4.

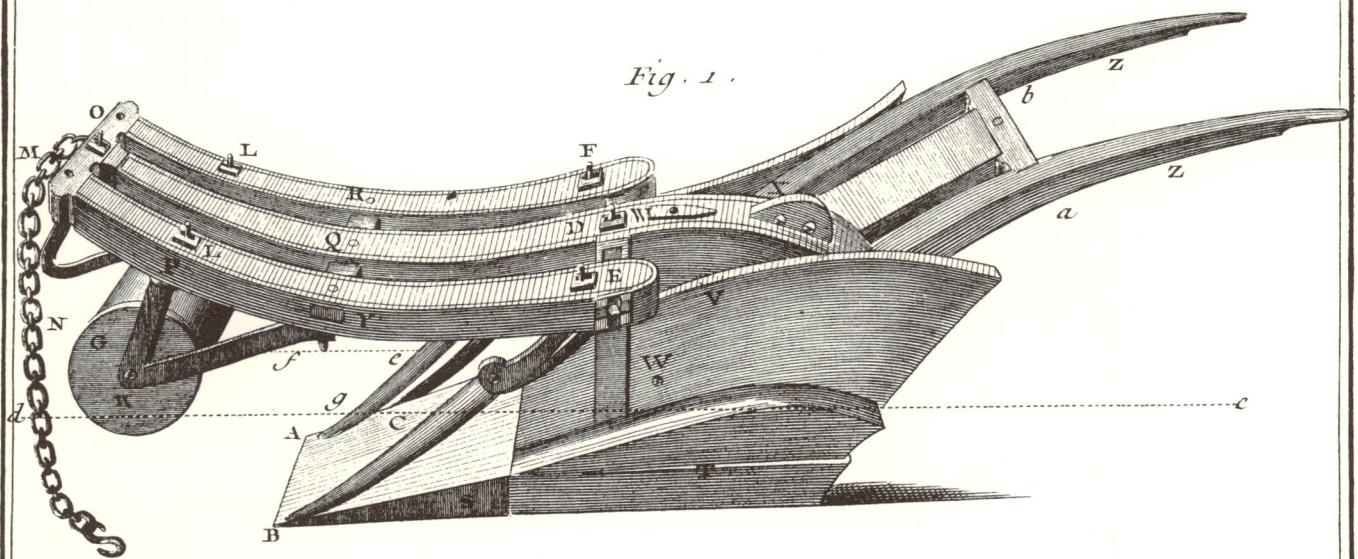

Fig. 1.

Agriculture Economie Rustique, Tranchées.

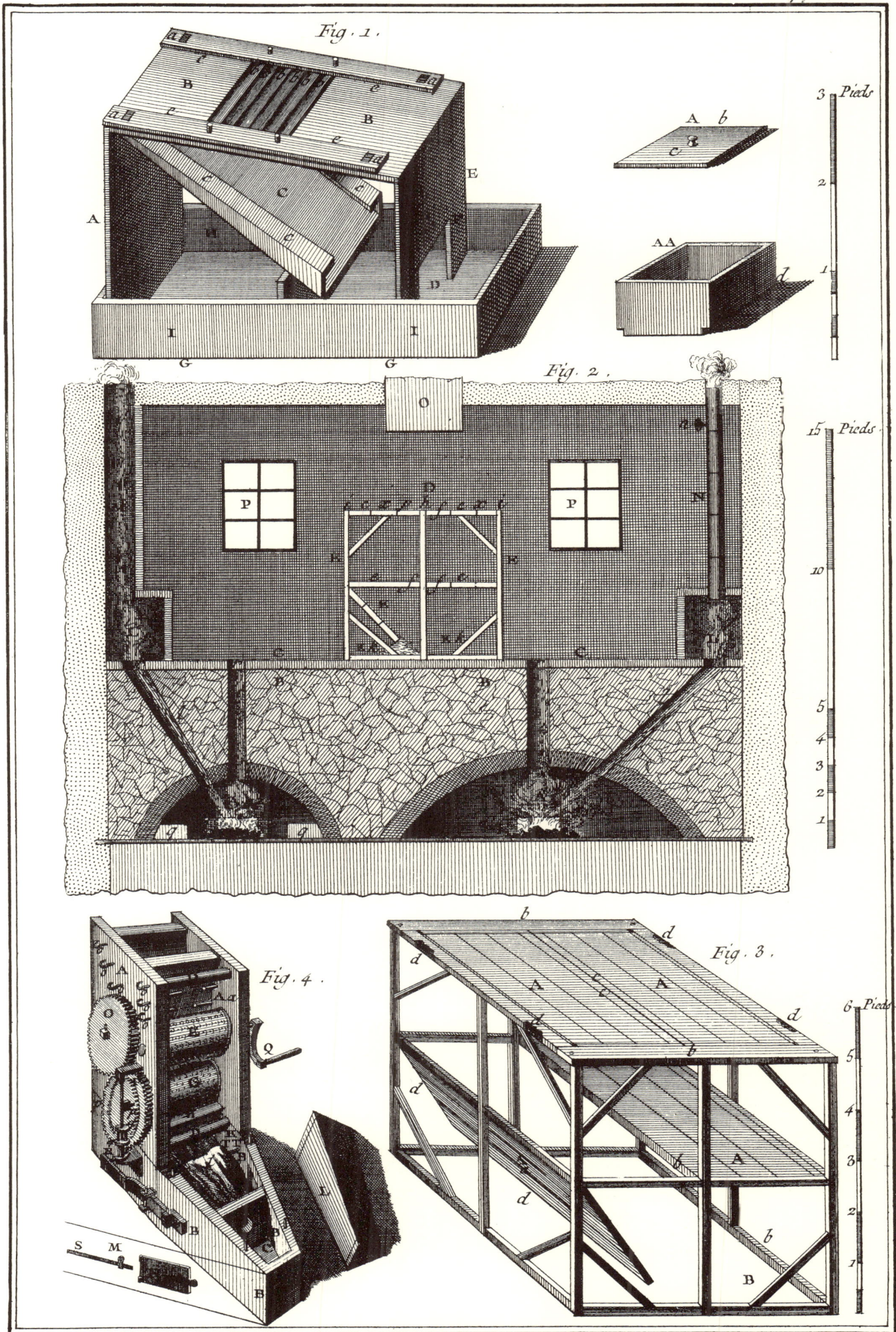

Fig. 1.

Fig. 2.

Fig. 3.

Fig. 4.

3 Pieds

15 Pieds

6 Pieds

Benard Direx.

Agriculture Economie Rustique, Pommes de Terre

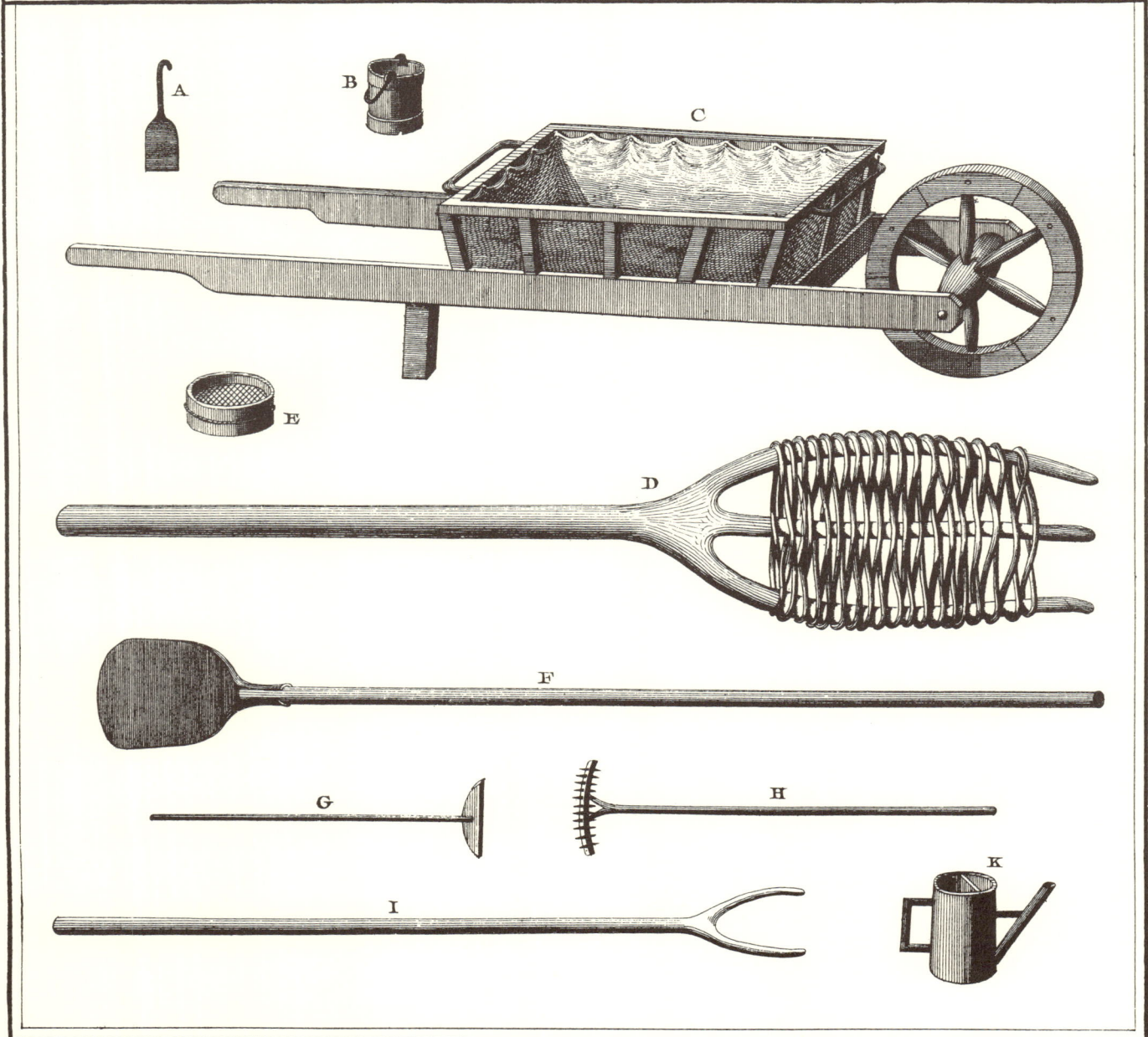

Purification et Blanchissage de la Cire.

Achevé d'imprimer
par MAME Imprimeurs à Tours
Dépôt légal : septembre 2001 (N° 01052208)